Bernd Thomsen

Logistik-Controlling

Bernd Thomsen

Logistik-Controlling

Outsourcing von Logistik unter strategischen Gesichtspunkten

VDM Verlag Dr. Müller

Impressum

Bibliografische Information der Deutschen Nationalbibliothek: Die Deutsche Nationalbibliothek verzeichnet diese Publikation in der Deutschen Nationalbibliografie; detaillierte bibliografische Daten sind im Internet über http://dnb.d-nb.de abrufbar.

Coverbild: www.purestockx.com

Erscheinungsjahr: 2008
Erscheinungsort: Saarbrücken

Verlag:
VDM Verlag Dr. Müller Aktiengesellschaft & Co. KG, Dudweiler Landstr. 125 a, 66123 Saarbrücken, Deutschland,
Telefon +49 681 9100-698, Telefax +49 681 9100-988,
Email: info@vdm-verlag.de

Herstellung in Deutschland:
Schaltungsdienst Lange o.H.G., Zehrensdorfer Str. 11, D-12277 Berlin
Books on Demand GmbH, Gutenbergring 53, D-22848 Norderstedt
Reha GmbH, Dudweilerstrasse 72, D-66111 Saarbrücken

ISBN: 978-3-639-00234-8

I Inhaltsverzeichnis

1. Einführung

Das Thema Outsourcing von einzelnen Geschäftseinheiten ist ein sehr sensibles und deshalb werde ich versuchen, genau so damit umzugehen. Diese Diplomarbeit soll kein Werbemittel für oder gegen Outsourcing darstellen, sondern eine Grundlage präsentieren, auf der eine Entscheidung getroffen werden kann.

1.1. Problemstellung – Relevanz des Themas

Der Markt des produzierenden Gewerbes wird zunehmend schnelleren Veränderungen ausgesetzt, z. B. durch die Öffnung der Märkte oder die Entwicklung der Informationstechnologie. Da Kunden sich einen schnellen Überblick über die Angebote verschaffen können, beeinflussen sie die Unternehmensprozesse immer mehr. Deshalb ist es notwendig, dass Unternehmen ihre Kernkompetenzen immer weiter ausbauen, damit sie international konkurrenzfähig bleiben können.

In der heutigen Zeit haben viele Unternehmen erkannt, dass eine langfristige Existenzsicherung nicht allein zu bewältigen ist, da die globalen Märkte schnelle Anpassungen an die jeweiligen Gegebenheiten von den Unternehmen verlangen.[1]

Deshalb gibt es verschiedene Möglichkeiten, sich auf das Kerngeschäft zu konzentrieren, und zwar indem man verschiedene Prozessbereiche an externe Unternehmen abgibt. Da der Logistikbereich in vielen Industrieunternehmen nicht zum Hauptgeschäft gehört und i. d. R. auch das Know-how fehlt, geben viele Unternehmen diesen Bereich an externe Dienstleister ab.

[1] Vgl. Gericke, Jens: Unterstützung von Logistik-Outsourcing-Entscheidungen in mittelständisch strukturierten Unternehmen, Taunusstein, 2005, S. 25

Laut einer Umfrage der Capgemini Schweiz AG aus dem Jahr 2006 gaben westeuropäische Unternehmen 64% ihres Logistik-Budgets für externe Dienstleister aus. Dabei nehmen sie bisher traditionelle Dienste, also Transport, Lagerung und Zollabfertigungen in Anspruch.[2] Der Grund für Outsourcing-Entscheidungen liegt für viele Manager bei Kosteneinsparungen und Flexibilität ihrer Unternehmen.[3]

Unternehmensbereiche abzugeben sind strategische Entscheidungen und deshalb sind diese mit hohen Chancen, aber auch mit hohen Risiken behaftet. Deshalb ist es notwendig, dem Management die Entscheidungen so leicht wie möglich zu machen.

1.2. Ziel der Arbeit

Ich möchte mit meiner Diplomarbeit das Thema der Outsourcing-Entscheidungen von Logistik beschreiben. Die Entscheidungen können strategische Auswirkungen auf Unternehmen und ihre Handlungsweisen haben. Meine Arbeit befasst sich mit der Unterstützung des Managements in Form einer möglichen Entscheidungsgrundlage bezüglich des Outsourcing von Logistikbereichen. Mit Hilfe von ausgewählten Controlling-Instrumenten möchte ich eine Möglichkeit von Entscheidungsgrundlagen bieten. Viele Unternehmen entscheiden sich zum Outsourcen von einzelnen Unternehmensbereichen, ohne vorher die Konsequenzen zu berücksichtigen.

Im folgenden Kapitel werde ich einen Überblick über Logistik, Controlling und Outsourcing geben, da diese drei Bereiche die Grundlage meiner Diplomarbeit sind. Ich werde eine kurze Definition, Aufgabenbereiche und Ziele erläutern.

[2] Vgl. Raab, Martin: Third-Party Logistics 2006, in: Capgemini Schweiz AG, URL: http://www.ch.capgemini.com/de/presse/pressemitteilungen/archiv_2006/3pl_study_2006/ (23.11.2007)
[3] Vgl. Kuhn, Lothar: Deutsche Wirtschaft vor neuer Outsourcing-Welle, in: Harvard Businessmanager, URL: http://www.spiegelgruppe.de/spiegelgruppe/home.nsf/PMWeb/1A4714CB24A926F6C1256F950040D2FD (23.11.2007)

Das dritte Kapitel wird von Instrumenten des strategischen Controllings bestimmt. Es wird festgestellt, welche Eigenschaften die gewählten Instrumente haben und in welcher Form sie für die Entscheidung zum Outsourcing in Frage kommen.

Eine Darstellung der Erkenntnisse aus dem dritten Kapitel werde ich im vierten Kapitel mit Hilfe eines fiktiven Unternehmens, welches als Zulieferer der Automobilindustrie tätig ist, machen. Es wird sich bei dem Unternehmen um ein mittelständisches Industrieunternehmen handeln.

Im fünften und somit letzten Kapitel werde ich mein Fazit über die Anwendung der gewählten Instrumente zum Outsourcing von Logistik ziehen. Zur praktischen Anwendbarkeit werde ich kurz Stellung nehmen.

2. Theoretische Grundlagen

Die Ziele und Aufgaben von Logistik und Controlling sind notwendig, um einen Einsatz von Instrumenten möglich zu machen. Deshalb wird auf den nächsten Seiten auf diese Bereiche eingegangen. Zusätzlich wird Outsourcing mit der Make-or-Buy-Thematik erläutert und wichtige Entscheidungskriterien für Eigen- oder Fremdherstellung von Leistungen werden dargestellt.

2.1. Logistik

Der Begriff „Logistik" ist nicht so alt wie seine Bedeutung und die damit verbundenen Aufgaben. Logistik kommt ursprünglich aus dem Militärbereich und befasste sich mit dem Transport und der Lagerung von Gütern.[4] Mittlerweile hat sich Logistik auf alle Unternehmensbereiche ausgeweitet. Es gibt heutzutage eine Vielzahl von Definitionen in der Literatur zu finden. Die Bundesvereinigung Logistik definiert Logistik in Anlehnung an Plowmans Seven-Rights-Definition.

„Logistik heißt, die Verfügbarkeit des richtigen Gutes, in der richtigen Menge, im richtigen Zustand, am richtigen Ort, zur richtigen Zeit, für den richtigen Kunden, zu den richtigen Kosten zu sichern. Dieser Ansatz ist für die Ver- und Entsorgung von Unternehmen und Unternehmensnetzwerken - Supply Chains - ebenso anwendbar wie beispielsweise auf den ÖPNV, die Paketzustellung am Samstagvormittag oder militärlogistische Fragestellungen."[5]

---

[4] Vgl. Gollwitzer, M., Karl, R.: Logistik-Controlling, München, 1998, S. 15
[5] zitiert nach Plowman von Bundesvereinigung Logistik: Wissenschaftliche Definition der Logistik, URL: http://www.bvl.de/68_1 (23.11.07)

2.1.1. Aufgabenbereiche von Logistik

Logistik hat volks- und betriebswirtschaftliche Aufgaben und Ziele. Es werden an dieser Stelle nur die betriebswirtschaftlichen Bereiche der Logistik erläutert, da der volkswirtschaftliche Teil von Unternehmen nicht beeinflussbar ist. Bei der betriebswirtschaftlichen Logistik spricht man von der Mikrologistik oder Unternehmenslogistik. Diese besteht aus verschiedenen Ebenen, wie in Abb. 1 erkennbar ist.[6]

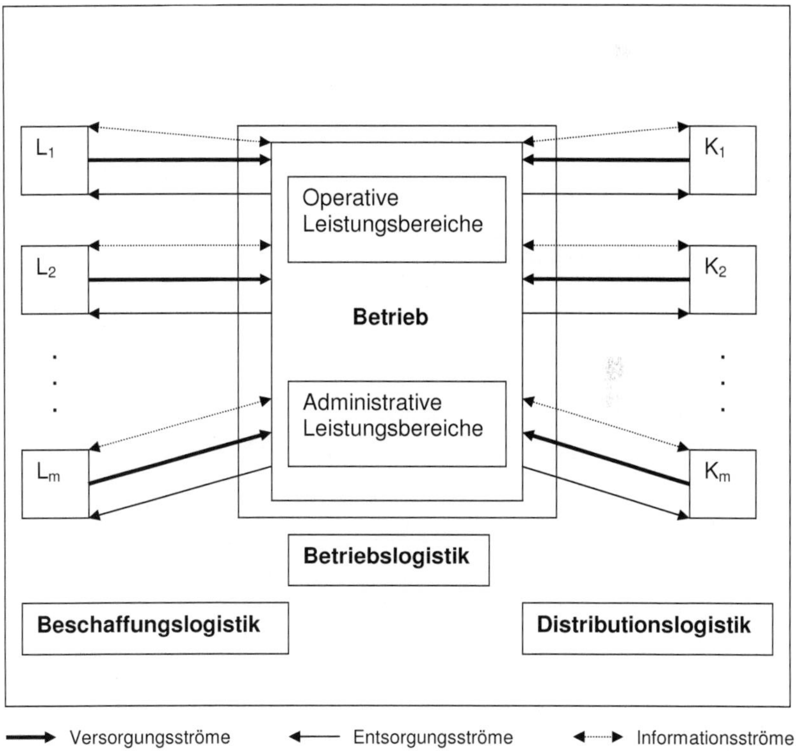

Abb. 1 Bereiche der Unternehmenslogistik[7]

Li: Lieferanten

Kj: Kunden

[6] Vgl. Gudehus, Timm: Logistik, 2. Auflage, Hamburg, 2003, S. 11

[7] Gudehus, Timm: Logistik, 2. Auflage, Hamburg, 2003, S. 11

Bestandteile der Unternehmenslogistik sind inner- und außerbetriebliche Logistik, welche die Material– und Datenströme zwischen den Marktteilnehmern betrachten. Die Betriebs-, Werks- oder Standortlogistik beschreibt den innerbetrieblichen Teil, welcher vom Wareneingang bis Warenausgang alle logistischen Bereiche abwickelt.

Die Beschaffungslogistik zwischen Lieferanten und Unternehmen und die Distributionslogistik zwischen Unternehmen und Kunden bilden den außerbetrieblichen Logistikteil. Kommt es zu einem Rücklauf des Warenflusses in Richtung des Unternehmens, spricht man von Entsorgungslogistik. Wurde dieser Bereich früher einfach Abfallwirtschaft oder Müllabfuhr bezeichnet, befasst sich die Entsorgungslogistik mittlerweile mit Abtransport, Lagerung, Aufbereitung oder Deponierung im Endlager von Abfällen und sonstigen Rückständen.[8]

2.1.2. Ziele von Logistik

Die logistischen Ziele lassen sich aus den Unternehmenszielen und externen Zielvorgaben ableiten und in verschiedenen Zielarten einordnen. Die externen Ziele werden durch volkswirtschaftliche Zielvorgaben, der Gesellschaft und des Staates stark beeinflusst. Man spricht von drei Zielarten, den humanitären Zielen, den ökologischen Zielen und den wirtschaftlichen Zielen, auch Unternehmensziele genannt.

Die *humanitären Ziele* befassen sich mit der Sicherheit und Entlastung der Menschen und sollen eine angenehmere Arbeitsatmosphäre für die Mitarbeiter sicherstellen. Deshalb werden diese Ziele durch gesetzliche Vorschriften, Auflagen von Gewerbeaufsichtsämtern und betrieblichen Bestimmungen weitestgehend vorgegeben.

---

[8] Vgl. Gudehus, Timm: Logistik, 2. Auflage, Hamburg, 2003, S. 12

Besonders für die Entsorgungslogistik von Bedeutung sind die *ökologischen Ziele*, welche zum Teil durch staatliche Rahmenbedingungen definiert werden. Sie beschäftigen sich u. a. mit der Vermeidung, Reduzierung, Schonung und Senkung des Materialeinsatzes und sind somit sehr gut mit den ökonomischen Zielen eines Unternehmens vereinbar.

Die *Unternehmensziele* lassen sich in drei Hauptbereiche einordnen, Leistungserfüllung, Qualitätssicherung und Kostenminimierung.

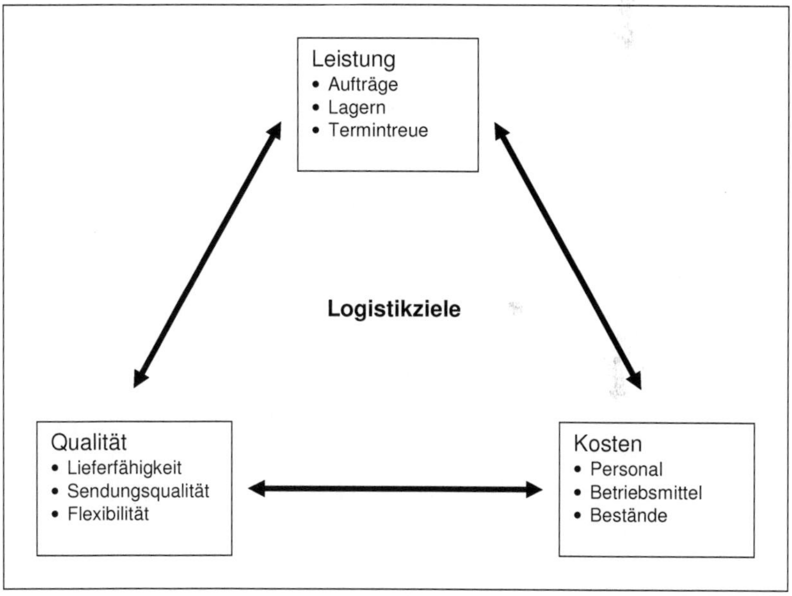

Abb. 2 Ziele der Unternehmenslogistik[9]

Die *Leistungsziele* sind in logistische Einzelziele unterteilt. Dazu gehören z. B. die Bearbeitung der Auftragseingänge und -ausgänge, das Lagern von Beständen oder das Erfüllen von Terminforderungen. Diese Ziele werden in der Planung quantifiziert, fortlaufend kontrolliert und bei Bedarf aktualisiert.

[9] Vgl. Gudehus, Timm: Logistik, 2. Auflage, Hamburg, 2003, S. 76

In der *Qualitätssicherung* geht es um die Einhaltung von Qualitätsvorgaben. Diese werden vom Unternehmen selbst, den Kunden, vom Staat und vom Markt definiert. Beim Abweichen von den Standards greift die Qualitätssicherung ein, um die Zielvorgaben zu erreichen.

Eines der wichtigsten Ziele ist die *Kostensenkung* für Unternehmen und die Wirtschaft. Die Senkung von Kosten kann z. B. durch den Einsatz neuer Technologien, effizienterem Personaleinsatz oder optimaler Nutzung der Infrastruktur erreicht werden.[10]

Gleichrangige Unternehmensziele stehen in verschiedenen Zielbeziehungen zueinander, d. h. sie verhalten sich neutral, fördernd oder behindernd. Man spricht hier von Zielneutralität, Zielharmonie und Zielkonflikt.[11]

Zusätzlich wird das Erreichen von Zielen auch durch bestehende Rahmenbedingungen eingeschränkt. Diese internen und externen Einflüsse müssen bei der Planung, Durchführung und Kontrolle von Zielen beachtet werden.

2.2. Controlling

Vor knapp zweihundert Jahren entwickelte sich während der amerikanischen Industrialisierung das Controlling.[12] Anfangs auf finanzwirtschaftliche Aufgaben beschränkt, beschäftigt sich Controlling heutzutage vor allem mit dem Steuern eines Unternehmens. Abgeleitet von dem Verb „to control" aus dem Englischen erhält man grob den Aufgabenbereich, mit dem sich Controlling heute beschäftigt.

---

[10] Vgl. Gudehus, Timm: Logistik, 2. Auflage, Hamburg, 2003, S. 77 ff.
[11] Vgl. Koch, Walter A. S., Czogalla, Christian: Grundlagen der Wirtschaftspolitik, Stuttgart, 2004, S. 18
[12] Vgl. Hess, W., Tschirky, H., Lang, P. : Make or buy – Eine neue Dimension der strategischen Führung, Zürich, 1989, S. 23

„to control“ - steuern
- beaufsichtigen, kontrollieren
- leiten, lenken u. ä.

Eine verständliche Definition, welche Controlling in der Gesamtheit widerspiegelt, wurde von Horváth gegeben:

„Controlling ist – funktional gesehen – dasjenige Subsystem der Führung, das Planung und Kontrolle sowie Informationsversorgung systembildend und systemkoppelnd ergebniszielorientiert koordiniert und so die Adaption und Koordination des Gesamtsystems unterstützt.“[13]

---

[13] Horváth, Péter: Controlling, 9. Auflage, München, 2003, S 151

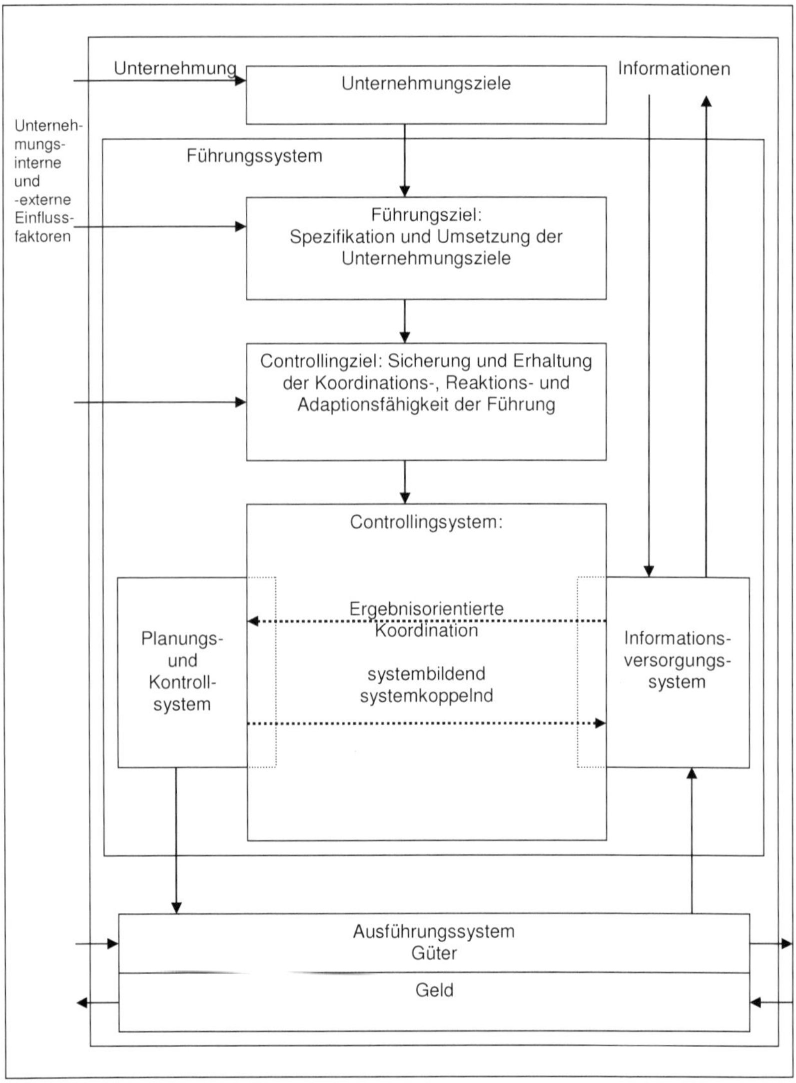

Abb. 3 Controllingsystem nach Horváth[14]

[14] Horváth, Péter: Controlling, 9. Auflage, München, 2003, S. 149

2.2.1. Aufgabenbereiche von Controlling

Die Controllingaufgaben „Informationsversorgung, Planung und Kontrolle und Koordination", können je nach Unternehmensgröße und/oder Organisationsform variieren. Zukünftig könnte das Aufgabenfeld durch die Aufgabe der „Rationalisierungssicherheit der Führung" ergänzt werden.[15] Unternehmen haben unterschiedliche Ansprüche an das Controlling, dennoch kann man allgemein sagen, dass die Aufgaben als Teil eines Controllingsystems der Realisierung von Controllingzielen dienen.

Man unterscheidet die Controllingaufgaben hinsichtlich der Punkte:

- operativ oder strategisch
- systembildend oder systemkoppelnd
- Planungs- und Kontrollsystem oder Informationsversorgungssystem[16]

Allgemein sind Controller interne Berater, die das Management bei der betriebswirtschaftlichen Entscheidungsfindung unterstützen. Dies geschieht durch:

- Schaffung von Ergebnis-, Finanz-, Prozess- und Strategietransparenz
- unternehmensübergreifende Koordination von Teilzielen und -plänen
- Moderation des Controlling-Prozesses
- Daten- und Informationsversorgung
- Pflege und Weiterentwicklung der Controlling-Systeme[17]

2.2.2. Controllingziele

Die Controllingziele sind genauso wie die Controllingaufgaben Teil des Controllingsystems. Sie werden durch die vom Management beschlossenen Unternehmensziele bestimmt und sollen zur Realisierung dieser beitragen.[18]

[15] Vgl. Weber, Hirsch, Spatz: Perspektiven des Controllings – Erfolgreich bleiben trotz Veränderungen, Weinheim, 2007, S. 34
[16] Vgl. Horváth, Péter: Controlling, 9. Auflage, München, 2003, S 150
[17] Vgl. Gollwitzer, M., Karl, R.: Logistik-Controlling, München, 1998, S. 21
[18] Vgl. Horváth, Péter: Controlling, 9. Auflage, München, 2003, S. 149

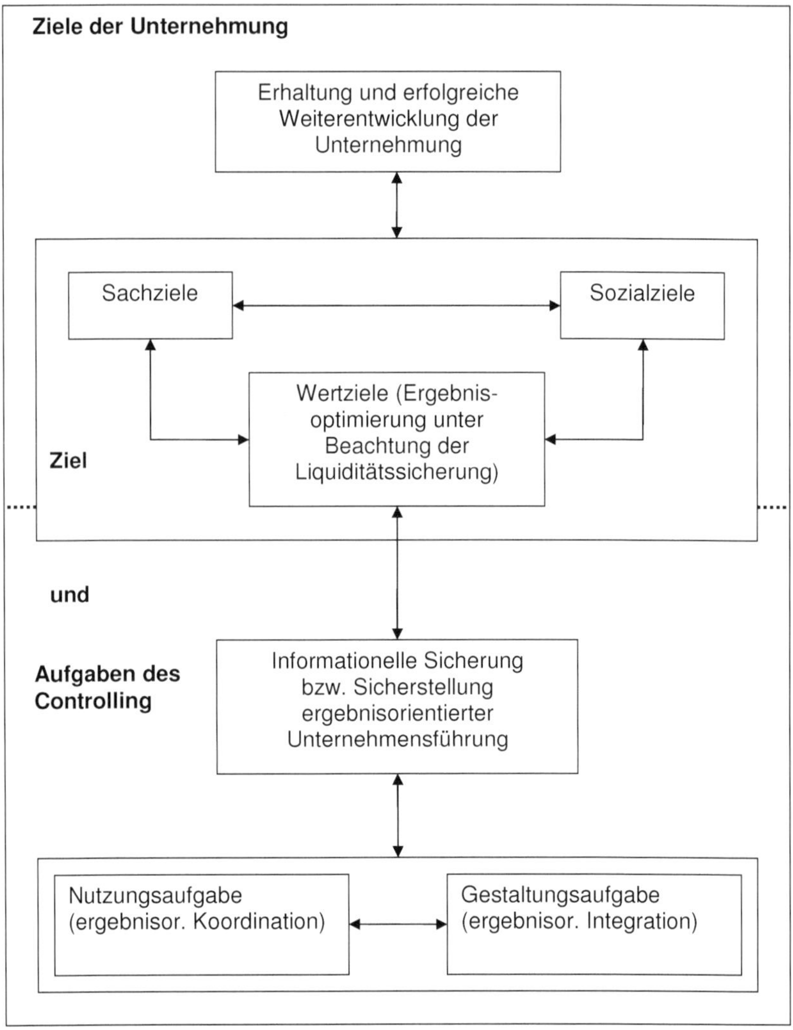

Abb. 4 Grundsätzlicher Zusammenhang zwischen Unternehmenszielen, Controllingziel und Controllingaufgaben nach Hahn[19]

[19] Hahn, Dietger, Hungenberg, Harald: PuK Controllingkonzepte, 6. Auflage, Wiesbaden, 2001, S. 273

Die Controllingziele sollen in erster Linie die Wertziele, also Betriebsergebnis und Gewinn eines Unternehmens, sicherstellen, wobei auch die Sachziele positiv davon beeinflusst werden. Diese Ziele stehen mit den Unternehmenszielen in einer Ziel-Mittel-Beziehung, da sie zur Erreichung des Oberziels „Existenzsicherung der Unternehmung“ beitragen.[20]

2.3. Outsourcing

Da sich Unternehmen immer mehr auf ihre Kernkompetenzen konzentrieren müssen, um auf dem Weltmarkt agieren zu können, besteht die Möglichkeit, Unternehmensbereiche auszugliedern. Man spricht bei der Fremdvergabe von einzelnen Prozessen über Outsourcing. Seit Anfang der industriellen Produktion besteht bis heute die Problematik, eine optimale Arbeitsaufteilung zu schaffen.[21] Durch zunehmenden Kostendruck weichen Unternehmen auf den Bezug von Fremdleistungen für einzelne Betriebsbereiche aus. Die Größe und Art der Ausgliederung sind situationsbedingt. So können z. B. nur kleine Teile der Informationsversorgung oder aber ganze Bereiche, wie das Human Resource Management an Dritte abgegeben werden. Je nach Bedarf des Unternehmens befasst sich die Make-or-Buy-Thematik mit der Frage, ob Eigen- oder Fremdproduktion für ein Unternehmen zum Vorteil ist.

2.3.1. Make-or-Buy-Thematik

Bis zur Industrialisierung wurde in Handwerksbetrieben alles, angefangen mit der Rohstoffgewinnung bis hin zum Endprodukt, in Eigenfertigung hergestellt. Um die Produktivität zu verbessern, führte Henry Ford Anfang des 20. Jahrhunderts eine vertikal integrierte Fertigung in seinem Unternehmen ein, doch stieß auch er damit schon bald an seine Grenzen, welche durch die neue Organisationsstruktur auftraten.[22]

---

[20] Vgl. Koch, Walter A. S., Czogalla, Christian: Grundlagen der Wirtschaftspolitik, Stuttgart, 2004, S. 21

[21] Vgl. Gericke, Jens: Unterstützung von Logistik-Outsourcing-Entscheidungen in mittelständisch strukturierten Unternehmen, Taunusstein, 2005, S. 33

[22] Vgl. Gericke, Jens: Unterstützung von Logistik-Outsourcing-Entscheidungen in mittelständisch strukturierten Unternehmen, Taunusstein, 2005, S. 34

„Die Arbeitsteilung dürfte die produktiven Kräfte der Arbeit mehr als alles andere fördern und verbessern."[23]

Schon Adam Smith erkannte im 18. Jahrhundert die Bedeutung der Arbeitsteilung für eine zivilisierte Gesellschaft.[24] Grundgedanke der Make-or-Buy-Thematik ist, dass sich ein Unternehmen für die Fertigung von Produkten externe Leistungen von Dritten zukauft, obwohl es diese auch selbst leisten könnte.[25] Um eine Entscheidung zu treffen, ob man etwas „selbst macht" oder „extern erwirbt", bedarf es einiger Grundfragen:

- Bestehen personelle, materielle und wissensmäßige Voraussetzungen zur Leistungserstellung?
- Reichen trotz gegebener Voraussetzungen die Kapazitäten?
- Kann ich die Leistung in gleicher Qualität erstellen wie ein externer Anbieter?
- Kann ich es auch „selbst machen" lassen, damit meine Angestellten vollständig ausgelastet werden?
- Soll ich es „selbst machen", damit meine Maschinen ausgelastet sind und die Fixkosten der Anlagen besser absorbiert werden können?
- Kann ich trotz Fremdbezug mein Wissenspotential erhalten oder verliere ich es, da ich einem Dritten einen Einblick ins Unternehmen gewähre?[26]

Es können schnell Fehlentscheidungen bei der Frage Make-or-Buy auftreten, da die Entscheidungsträger eine subjektive Beantwortung der obigen Fragen abgeben. Für das Unternehmen bestehen aus operativer und strategischer Sicht Chancen, aber auch Risiken in verschiedener Art und Weise.

---

[23] Smith, Adam: Der Wohlstand der Nationen, 4. Auflage, München, 1988, S. 9
[24] Vgl. Smith, Adam: Der Wohlstand der Nationen, 4. Auflage, München, 1988, S. 9 ff.
[25] Vgl. Gericke, Jens: Unterstützung von Logistik-Outsourcing-Entscheidungen in mittelständisch strukturierten Unternehmen, Taunusstein, 2005, S 35
[26] Vgl. Hess, W., Tschirky, H., Lang, P.: Make or buy – Eine neue Dimension der strategischen Führung, Zürich, 1989, S. 3

2.3.2. Entscheidungskriterien für Eigen- oder Fremdfertigung

Es bedarf einer gründlich überlegten Entscheidung, ob ein Unternehmen bestimmte Produkte oder Dienstleistungen selber herstellt oder diese eventuell zukauft. Als Unterstützung der Entscheidungsfindung bedarf es einiger Kriterien.[27]

Der *Kostenaspekt* spielt bei Make-or-Buy-Entscheidungen eine sehr wichtige Rolle, da man sich darüber im Klaren sein muss, welche Kosten bei Eigenfertigung oder Fremdbezug auf einen zukommen.

Als Beispiel einige Argumente für *Eigenfertigung*:

- Verwaltung- und Vertriebskosten der Lieferanten
- Gewinnzuschlag der Lieferanten
- Niedrigere Löhne im eigenen Betrieb
- Steuerliche und andere Vergünstigungen bei Eigenfertigung
- Langjährige Erfahrung ermöglicht rationellere Fertigung
- Anfallender Ausschuss kann weiterverwendet werden

Für den *Fremdbezug von Leistungen* sprechen diese Argumente:

- Großer Zuliefermarkt durch Globalisierung
- Ausnutzung von Beschäftigungslücken anderer Betriebe
- Niedrigere Löhne bei Lieferanten
- Vollbeschäftigung des eigenen Unternehmens besser kalkulierbar
- Weniger Produktionsanlagen verursachen geringere Kosten
- Spezialisierte Hersteller produzieren günstiger[28]

---

[27] Vgl. Vollmuth, Hilmar J.: Controlling-Instrumente von A – Z, 6. Auflage, Planegg/München, 2003, S. 291
[28] Vgl. Gericke, Jens: Unterstützung von Logistik-Outsourcing-Entscheidungen in mittelständisch strukturierten Unternehmen, Taunusstein, 2005, S. 43

Wie die Argumente bei einem Unternehmen passen, hängt von der Organisationsstruktur und der Einstellung zu Eigenfertigung und Fremdbezug ab.

Die Wahlmöglichkeit zwischen den Aspekten „Eigen- oder Fremdfertigung" hängt außerdem von der *finanziellen Lage* des Unternehmens ab. Da die Eigenproduktion von einem hohen Kapitalbedarf abhängig ist, besteht gegebenenfalls nicht die Möglichkeit, Produkte selbst herzustellen. Zusätzlich müssen Zusatzkosten, wie Zinsbelastung und sonstige Kosten der Kapitalbeschaffung in der Wirtschaftlichkeitsberechnung erfasst werden. Allgemein muss man bei der Eigenfertigung mit höherem Kapitalbedarf für das Anlagevermögen kalkulieren. Bei der Fremdfertigung geht man von einer Steigerung des Kapitalbedarfs für das Umlaufvermögen aus. Ob sich ein Unternehmen für Eigen- oder Fremdfertigung entscheidet, hängt aber noch von weiteren Gegebenheiten ab, wie z. B. Lagergröße, Beschaffenheit der Märkte für Roh-, Hilfs- und Betriebsstoffe und Zulieferanten.

Die Beschaffenheit der *Kapazitäten* ist ein weiterer Grund, sich als Unternehmen für die Eigen- oder Fremderstellung der Leistung zu entscheiden. Besteht Vollbeschäftigung in der Produktion, kann es zu Problemen bei der Nutzung der Potenziale führen und Kapazitätsengpässe sind die Folge. Hier würde ein Fremdbezug zu Kapazitätsfreisetzung führen, wobei zusätzliche Aufgaben wie Einkauf, Qualitätskontrollen und Wareneingang anfallen. Je nachdem muss geeignetes Personal für die jeweils speziellen Aufgaben dem Unternehmen zur Verfügung stehen.

Bei den heutigen Marktgegebenheiten wird von Unternehmen eine hohe *Flexibilität* verlangt. Die Beschaffungs- und Absatzmärkte werden durch neue Technologien und Rahmenbedingungen beeinflusst und dementsprechend müssen die Marktteilnehmer flexibel auf diese Änderungen reagieren. Je nach Beschaffenheit eines Unternehmens ist die Reaktionsfähigkeit in einzelnen Geschäftsbereichen sehr unterschiedlich. Bezüglich der Kapitalstruktur, Marktstruktur oder Infrastruktur der Unternehmung ist die Frage nach Eigen- oder Fremdfertigung von vornherein vorgegeben.

Der *Qualitätsaspekt* spielt bei der Entscheidung, ob Make-or-Buy, eine so hohe Rolle, dass der Kostenaspekt oft vollkommen außer Acht gelassen wird. Da bei Fremdfertigung gewisse Qualitätsabweichungen auftreten können und während der Produktion keine permanente Überwachung und Kontrolle der Leistung von dem Bezieher der Leistung gemacht wird, entscheiden sich Unternehmen häufig für die Eigenfertigung. Da Zulieferer in der Regel nicht nur für ein Unternehmen Teile herstellen, sondern mehrere Kunden oder Produzenten beliefern und die Qualitätsansprüche voneinander abweichen können, muss man mit Abweichungen der eigenen Standards rechnen. Handelt es sich allerdings um Norm- oder Standardprodukte, die fremd bezogen werden, kann man davon ausgehen, dass gängige Qualitätsstandards eingehalten werden. Auch können Kontrollinstanzen der Abnehmer beim Zulieferer eingesetzt werden, damit Qualitätskontrollen durchgeführt werden können.

Aus *steuerrechtlicher Sicht* gibt es weitere Vor- und Nachteile. Bei Eigenerstellung ist nur ein Teil der Betriebsausgaben abzugsfähig, während bei Fremdbezug sämtliche Ausgaben sofort abzugsfähig sind. Die Produktionskosten werden anteilsmäßig über Abschreibungen in der Gewinn- und Verlustrechnung angesetzt. Dies führt zu einer höheren Bemessungsgrundlage bei der Steuererklärung. Allerdings können bei Eigenerstellung verschiedene Bewertungsansätze ausgeschöpft werden, was wiederum zu steuerlichen Vorteilen führt.

Ein weiterer Parameter ist das *Risiko*, welches sowohl Eigenfertigung wie auch Fremdbezug haben. Bei der Eigenerstellung können finanzielle, qualitative oder Haftungsrisiken nicht ausgeschlossen werden. Das unternehmerische Risiko liegt bei der Fremdfertigung beim Zulieferer, allerdings verbergen sich auch beim Bezug der Leistung von Dritten einige Risiken. Als Leistungsbezieher ist man vom Zulieferer abhängig. Es kann zu Stopps oder sogar Ausfällen in der Produktion kommen, falls der Zulieferer nicht wie vereinbart aus zeitlichen, qualitativen oder quantitativen Gründen liefern kann.

Insgesamt kann man zu den genannten Parametern Kosten, Finanzen, Kapazitäten, Flexibilität, Qualität, Steuern und Risiko sagen, dass keine eindeutige Entscheidungsgrundlage für Eigen- oder Fremdbezug von Leistungen geschaffen werden kann.[29]

---

[29] Vgl. Gericke, Jens: Unterstützung von Logistik-Outsourcing-Entscheidungen in mittelständisch strukturierten Unternehmen, Taunusstein, 2005, 43 ff.

3. Controlling-Instrumente für Logistik-Outsourcing

In diesem Kapitel werden kurz einige Controlling-Instrumente erläutert und auf ihre Anwendung für das Logistik-Outsourcing geprüft. Die Logistik-Aufgaben, welche von den Instrumenten teilweise oder vollständig bearbeitet werden sollen sind in Abb. 5 dargestellt.

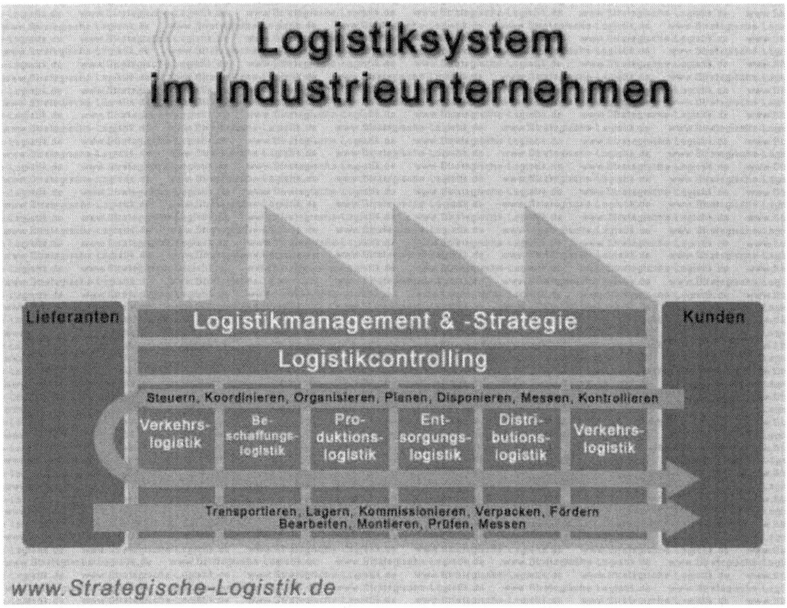

Abb. 5 Logistiksystem im Industrieunternehmen[30]

[30] Modernes Logistiksystem in: Strategische Logistik, URL: http://www.strategische-logistik.de/Prozesse/HTML/StratLog1.html (23.11.2007)

3.1. Prozesskostenrechung

Bevor eine Prozesskostenrechnung in einem Unternehmen eingeführt werden kann, sollten vom Management Ziele formuliert werden, die durch dieses Controlling-Instrument erreicht werden sollen. Allgemeine Ziele, die von der Prozesskostenrechnung aufgegriffen werden, sind:

- Erhöhung der Gemeinkostentransparenz in indirekten Leistungsbereichen
- bessere Kostenbeeinflussungsmöglichkeiten
- verursachungsgerechtere Verrechnung der Kosten
- Grundlagenschaffung zur Unterstützung einer strategischen Produktpolitik
- Aufdeckung von Rationalisierungspotenzial[31]

Die hieraus abgeleiteten Aufgaben sind:

- Transparenzerhöhung
- Prozessoptimierung
- Prozessorientierung der Kalkulation
- Verbesserung des Gemeinkostenmanagements[32]

Damit die Prozesskostenrechnung durchgeführt werden kann, muss eine Tätigkeitsanalyse anhand von einzelnen Kostenstellen in den betroffenen Geschäftsbereichen durchgeführt werden. Die ermittelten Tätigkeiten werden daraufhin zu Teilprozessen zusammengefasst, welche wiederum zu Hauptprozessen verdichtet werden.

---

[31] Vgl. Legenhausen, Claas: Controllinginstrumente für den Mittelstand, Wiesbaden, 1998, S 228
[32] Vgl. Vollmuth, Hilmar J.: Controlling-Instrumente von A – Z, 6. Auflage, Planegg/München, 2003, S. 381

Den Hauptprozessen werden nur die leistungsmengeninduzierten (lm_i) Teilprozesse unmittelbar zugeordnet, d. h. die Leistungen, die im direkten Zusammenhang mit der erbrachten Leistung stehen. Leistungsmengenneutral (lm_n) sind Teilprozesse, wenn ihre Tätigkeiten der Grundaufgaben der Kostenstelle dienen, wie z. B. die Mitarbeiterführung.[33]

Durch die Tätigkeitsanalyse werden auch die so genannten „cost driver“, also Kostentreiber ermittelt, die die Maßgrößen der Teilprozesse darstellen.[34] Anhand der Kostenstelle „Beschaffung“ wird in Abbildung 6 das in der Praxis vorherrschende Verfahren der Prozesskostenrechung dargestellt. Die Grafik beinhaltet die jeweiligen Teilprozesse mit ihren „cost driver“ und der dazugehörigen Prozessmenge. Anhand der Mitarbeiterzahl können so die Teilprozesskosten und der Prozesskostensatz auf lm_i - Basis und lm_n - Basis errechnet werden.

Prozesskostenstelle Beschaffung		Kapazität: Kosten/Jahr:	12 MA 600.000 €	Kosten pro MA/Jahr: 50.000 €					
Teilprozess		cost driver	Prozess-	Mitarbeitereinsatz	Teilprozesskosten (€)			PK-Satz (€)	
Nr.	Bezeichnung	Anzahl	menge	$lm_i + lm_n$	lm_i	Umlage lm_n	$lm_i + lm_n$	lm_i	$lm_i + lm_n$
1	Angebote einholen	Anzahl der Bestellungen	5.000	2,00	100.000,00	9.090,91	109.090,91	20,00	21,82
2	Bestellungen durchführen	Anzahl der Bestellungen	5.000	1,00	50.000,00	4.545,45	54.545,45	10,00	10,91
3	Warenannahme	Anzahl der Bestellungen	5.000	2,50	125.000,00	11.363,64	136.363,64	25,00	27,27
4	Warenprüfung	Anzahl der Bestellungen	5.000	2,50	125.000,00	11.363,64	136.363,64	25,00	27,27
5	Reklamations-bearbeitung	Anzahl der Reklamationen	500	1,00	50.000,00	4.545,45	54.545,45	100,00	109,09
6	Einlagerung	Anzahl der Bestellungen	5.000	2,00	100.000,00	9.090,91	109.090,91	20,00	21,82
7	Leitung			1,00					
				12,00	550.000,00	50.000,00	600.000,00		

Abb. 6 Beispiel Prozesskosten an Kostenstelle Beschaffung in Anlehnung an Ropers[35]

[33] Vgl. Ropers, Jens: Prozesskostenrechnung – Leitfaden zur erfolgreichen Anwendung, Offenburg, 2006, S. 14
[34] Vgl. Vollmuth, Hilmar J.: Controlling-Instrumente von A – Z, 6. Auflage, Planegg/München, 2003, S. 389
[35] Vgl. Ropers, Jens: Prozesskostenrechnung – Leitfaden zur erfolgreichen Anwendung, Offenburg, 2006, S. 36

Folgende Informationen müssen zur Berechnung der Teilprozesskosten und des Prozesskostensatzes (PK-Satz) vorliegen:

- Kapazität: Anzahl der Mitarbeiter
- Mitarbeitereinsatz pro Teilprozess
- Kosten pro Mitarbeiter pro Jahr
- Bezeichnung der Teilprozesse
- „cost driver"
- Prozessmenge

Aus diesen Daten werden folgende Formeln zur Berechnung abgeleitet:

$$\text{Teilprozesskosten } lm_i = \frac{\sum \text{Kosten pro KST * Anzahl MA pro Teilprozess}}{\sum \text{Anzahl MA pro KST}}$$

$$\text{Teilprozesskosten } lm_n = \frac{\text{Kosten des } lm_n\text{-MA * Anzahl MA pro Teilprozess}}{\sum \text{Anzahl } lm_i\text{-MA pro KST}}$$

$$\text{Teilprozesskosten ges.} = \text{Teilprozesskosten } lm_i + \text{Teilprozesskosten } lm_n$$

$$\text{Prozesskostensatz } lm_i = \frac{\text{Teilprozesskosten } lm_i}{\text{Prozessmenge}}$$

$$\text{Prozesskostensatz ges.} = \frac{\text{Teilprozesskosten ges.}}{\text{Prozessmenge}}$$

Die Prozesskostenrechnung dient einer transparenteren Kalkulation und zeigt eventuelle Einsparpotentiale auf. Es gibt allerdings Unterschiede bei der Handhabung dieses Instruments. So ist die Einführung in Unternehmen sehr hilfreich, die einen Fixkostenanteil haben und deren Tätigkeiten gleichartig und wiederkehrend sind, da Materialgemeinkosten nicht berücksichtigt werden.[36] Im Vergleich zur klassischen Zuschlagskalkulation erhält man mit der Kalkulation mit Prozesskosten eine detailliertere Aufschlüsselung der Kosten, wie in den Abbildungen 7 und 8 dargestellt ist.

Klassische Zuschlagskalkulation		
	Materialeinzelkosten	200 €
+	10 % Zuschlag Materialgemeinkosten	20 €
=	**Materialkosten**	**220 €**
	7 Fertigungsstunden á 40 €	280 €
+	150 % Zuschlag Fertigungsgemeinkosten	420 €
=	**Fertigungskosten**	**700 €**
=	**Herstellkosten**	**920 €**
+	8 % Zuschlag Vertriebs- und Verwaltungskosten	74 €
+	6 % F&E-Umlage	55 €
+	4 % sonstige Gemeinkosten	37 €
=	**Selbstkosten**	**1.086 €**

Abb. 7 Klassische Zuschlagskalkulation in Anlehnung an Ropers[37]

[36] Vgl. Vollmuth, Hilmar J.: Controlling-Instrumente von A – Z, 6. Auflage, Planegg/München, 2003, S. 386
[37] Vgl. Ropers, Jens: Prozesskostenrechnung – Leitfaden zur erfolgreichen Anwendung, Offenburg, 2006, S. 43

Kalkulation mit Prozesskosten		
	Materialeinzelkosten	200 €
+	Beschaffungsprozess	70 €
+	Lagerungsprozess	40 €
+	Kommissionierungsprozess	90 €
=	**Materialkosten**	**400 €**
	7 Fertigungsstunden á 40 €	280 €
+	Rüstprozess	70 €
+	Werkzeugerstellung	90 €
+	Logistikprozess (innerb. Transport,...)	45 €
+	Arbeitsvorbereitung	45 €
+	Qualitätsprüfung	30 €
=	**Fertigungskosten**	**560 €**
=	**Herstellkosten**	**960 €**
+	Verpackung, Versand	50 €
+	Fakturierung	30 €
+	Verbuchung	20 €
=	**Selbstkosten**	**1.060 €**

Abb. 8 Kalkulation mit Prozesskosten in Anlehnung an Ropers[38]

Während die Zuschlagskalkulation mit einem festen Zuschlagsatz auf die Einzelkosten arbeitet, werden die Gemeinkosten bei der Kalkulation mit Prozesskosten in Teilprozesskosten dargestellt. Dies bietet eine genauere Verhandlungsgrundlage mit Kunden oder gibt Aufschluss für Make-or-Buy-Entscheidungen. Durch diese Kostendarstellung ist sofort erkennbar, wo Einsparungen möglich sind oder wo Dritte günstiger arbeiten.

[38] Vgl. Ropers, Jens: Prozesskostenrechnung – Leitfaden zur erfolgreichen Anwendung, Offenburg, 2006, S. 43

3.2. Transaktionskostentheorie

Die Transaktion als Grundeinheit in der Transaktionskostentheorie stellt den Übergang von Gütern oder Leistungen über mögliche Schnittstellen dar. Diese Theorie beschäftigt sich also mit organisatorischen Aktivitäten, welche von Marktteilnehmern vorgenommen werden. Angelehnt an dem property-rights-Ansatz, welcher sich mit Verfügungsrechten und deren Nutzungsmöglichkeiten sowie Einschränkungen an einer Sache beschäftigt, stellt der Transaktionskostenansatz die Möglichkeit der Übergabe solcher Rechte dar.

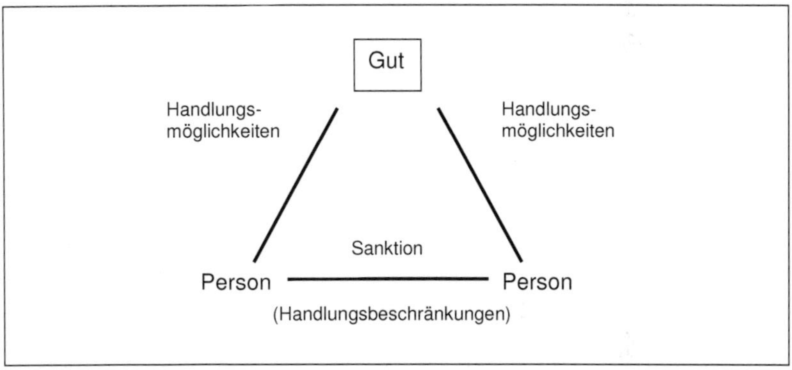

Abb. 9 Darstellung von property rights[39]

Es werden von der Transaktionskostentheorie Gründe dafür erläutert, dass eine Aufteilung des Güter- und Leistungsaustausch auf unternehmensinterne und -externe Tätigkeiten stattfindet. Je nach Transaktionsbeziehung der beteiligten Marktteilnehmer, welche sich nicht auf eine Transaktion beschränken müssen, wird eine Analyse erstellt.

[39] Vgl. Michaelis, Elke: Organisation unternehmerischer Aufgaben – Transaktionskosten als Beurteilungskriterium, Band 4, S. 43

Das wesentliche Ziel der Transaktionskostentheorie ist in der Herleitung von Zusammenhängen zwischen der gewählten Koordinationsform und den Wohlstandspositionen der Beteiligten. Zudem kommt das Ziel der Kostenminimierung auf Basis der von der Koordinationsform abhängenden Kosten. Zusätzlich umfassen die Transaktionskosten die zusätzlichen Produktionskosten, die aufgrund von z. B. Koordinationsschwankungen anfallen können, nicht aber die grundsätzlichen Produktionskosten.[40]

Für den Ablauf und den Aufbau von Aktivitäten bestehen verschiedene Gestaltungsmöglichkeiten, die in der Organisationsstruktur eines Unternehmens festgelegt sind. Jedes Unternehmen fügt einzelne Stellen in ein Gesamtgefüge zusammen und legt Kompetenzen fest.[41] Diese Stellen sind nicht nur intern zu besetzen, sondern können auch durch Dritte extern besetzt werden.

Damit der Transaktionskostenansatz als Instrument für das Logistik-Outsourcing anwendbar werden kann, hilft eine Grafik, die sich mit verschiedenen Transaktionstypen auseinandersetzt. Als Dimensionen dienen die Häufigkeit der Transaktion und die Spezifität des Gutes oder der Leistung der Transaktion.

[40] Vgl. Ganske, Torsten: Mitbestimmung, Proberty-Rights-Ansatz und Transaktionskostentheorie, Frankfurt a. M., 1996, S. 105 ff.
[41] Vgl. Michaelis, Elke: Planungs- und Kontrollprobleme in Unternehmungen und proberty-rights- bzw. Transaktionskostentheorie, Diskusionspapier Nr. 106, Hannover, 1987, S. 7

		Spezifität des Gutes/der Leistung		
		keine	mittel	hoch
Häufigkeit	niedrig	Beschaffung von Standard-maschinen	Beschaffung von Spezial-maschinen	Errichtung einer Fabrik
	hoch	Beschaffung von Standard-waren	Beschaffung spezieller Vorprodukte	werksinterne Transporte von Halbzeug

Abb. 10 Systematisierung von Transaktionstypen[42]

Abgeleitet aus der vorliegenden Grafik kann man sagen, dass Transaktionen mit keiner oder einer geringen Spezifikation im Konfliktfall der Beteiligten relativ kostengünstig und schnell beendet werden können. Je höher die Spezifikation und Häufigkeit der Aufgaben wird, desto eher rentiert es sich für ein Unternehmen, externe Leistungen in Anspruch zu nehmen. Da sich Kompetenzprobleme innerhalb des Unternehmens mit steigender Spezialisierung der Tätigkeiten häufen und unterschiedliche Auswirkungen haben können, tendiert man zur Inanspruchnahme von externen Gütern oder Leistungen.

[42] Ganske, Torsten: Mitbestimmung, Proberty-Rights-Ansatz und Transaktionskostentheorie, Frankfurt a. M., 1996, S. 145 nach Ordelheide, Dieter: Institutionelle Theorie und Unternehmung, in: Wittmann, Waldemar, u. a. (Hrsg.), HWB, 5. Auflage, Teilband 2, Stuttgart, 1993, Sp. 1843 und Williamson, Oliver E.: The Economic Institutions of Capitalism. Firms, Markets, Relational Contracting, New York/London, 1985, S.73

3.3. Erfahrungskurvenkonzept

Das Erfahrungskurvenkonzept lässt sich durch den Lernkurveneffekt ableiten, welcher auf den Übungseffekten der beteiligten Mitarbeiter beruht. Bei dem Erfahrungskurvenkonzept können sämtliche Unternehmensbereiche mit den zugehörigen Kostenarten betrachtet werden. Ein neuerer Betrachtungsbereich ist die Beschaffungslogistik. Folgende Faktoren sind für den Erfahrungskurveneffekt einsetzbar:

- Lerneffekt
- Kostendegression
- Spezialisierung
- Technischer Fortschritt und Prozessinnovationen
- Ersatz teurer Ressourcen durch billigere Ressourcen
- Rationalisierungseffekte
- Standardisierung von Produkten, Komponenten und Bauteilen[43]

[43] Vgl. Schneider, Dietram: Unternehmensführung und strategisches Controlling, 2. Auflage, München, 2000, S. 93 f.

Die Anwendung dieses Konzeptes in der Beschaffungslogistik lässt sich an drei verschiedenen Situationen erklären.

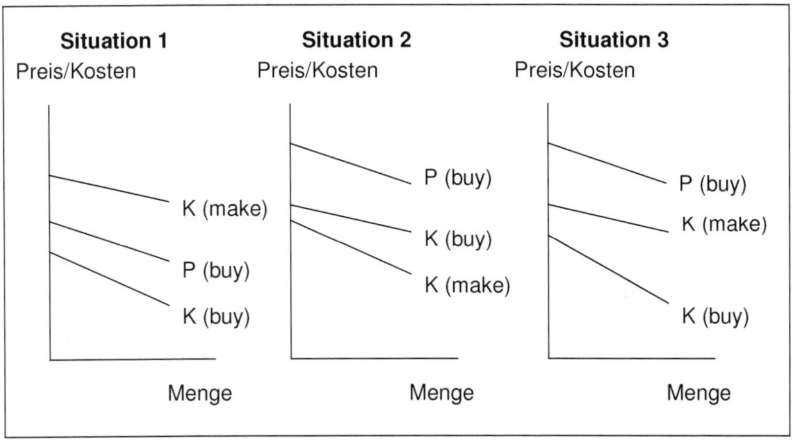

Abb. 11 mögl. Kosten-Erfahrungskurven und Preisverläufe nach Schneider[44]

K (make): Eigenerstellungskosten

K (buy): Herstellungskosten von Lieferanten

P (buy): Bezugspreis von Lieferanten

Die *erste Situation* zeigt, dass der Herstellungspreis bei der Eigenerstellung über dem Bezugspreis vom Lieferanten liegt und somit der Fremdbezug für das Unternehmen am günstigsten ist.

In der *zweiten Situation* liegt der eigene Herstellungspreis deutlich unter dem Herstellungspreis und dem Bezugspreis der Fremderstellung. Deshalb ist die Eigenerstellung in diesem Fall von Vorteil.

[44] Schneider, Dietram: Unternehmensführung und strategisches Controlling, 2. Auflage, München, 2000, S. 101

Im Vergleich zu den vorigen Fällen ist in der *dritten Situation* eine Besonderheit. Der Herstellungspreis des Lieferanten liegt unter dem Eigenerstellungspreis, aber der Verkaufspreis des Lieferanten liegt darüber. Somit hat der Lieferant einen Verhandlungsspielraum, den der Käufer, in diesem Fall ein Unternehmen, nutzen sollte. Reduziert der Lieferant den Bezugspreis nicht unter den eigenen Herstellungspreis, wird die Eigenerstellung gewählt. Liegt der Verkaufspreis nach der Preisverhandlung unter den Eigenerstellungskosten, so ist der Fremdbezug zu wählen.

Damit eine praktische Umsetzung des vorher gezeigten Erfahrungskurvenkonzepts möglich ist, bedarf es vieler wichtiger Informationen. Diese sind in Verhandlungssituationen unerlässlich. Ohne Informationen über die jeweiligen Herstellungspreise sind Preisverhandlungen kaum möglich. Der Kunde hat allerdings die Möglichkeit, die Kosten des Lieferanten zu unterstellen und diese nach Vertragsvereinbarung während der Belieferungsdauer anzupassen. Der Nachteil ist aber, dass unterstellte Kosten von den tatsächlichen Kosten abweichen können und somit der Lieferant eventuell von der Verhandlung abspringt oder der Kunde einem zu hohen Bezugspreis zustimmt.[45]

3.4. Portfolio-Analyse

Dieses Instrument ist in den unterschiedlichen Unternehmensbereichen, aber auch auf das gesamte Unternehmen einsetzbar. Es ist zur Beantwortung von strategischen Fragestellungen geeignet. Mittlerweile gibt es verschiedene Möglichkeiten der Portfoliodarstellung.[46]

[45] Vgl. Schneider, Dietram: Unternehmensführung und strategisches Controlling, 2. Auflage, München, 2000, S. 100 ff.
[46] Vgl. Vollmuth, Hilmar J.: Controlling-Instrumente von A – Z, 6. Auflage, Planegg/München, 2003, S. 342

- Vier-Felder-Portfolio bzw. Marktwachstums-Marktanteils-Portfolio von der Boston Consulting Group:

  Die wesentlichen Erfolgsfaktoren für ein Unternehmen, nämlich „relativer Marktanteil" und „relatives Marktwachstum" werden von dem Vier-Felder-Portfolio angesprochen.[47] Dieses Instrument ist in den einzelnen Geschäftsbereichen, wie z. B. der Logistik einsetzbar. Je nach Anwendung können neue Erfolgsfaktoren bestimmt werden oder die Feldgrößen geändert werden.[48] Die allgemeine Darstellung ist in Abbildung 12 zu sehen.

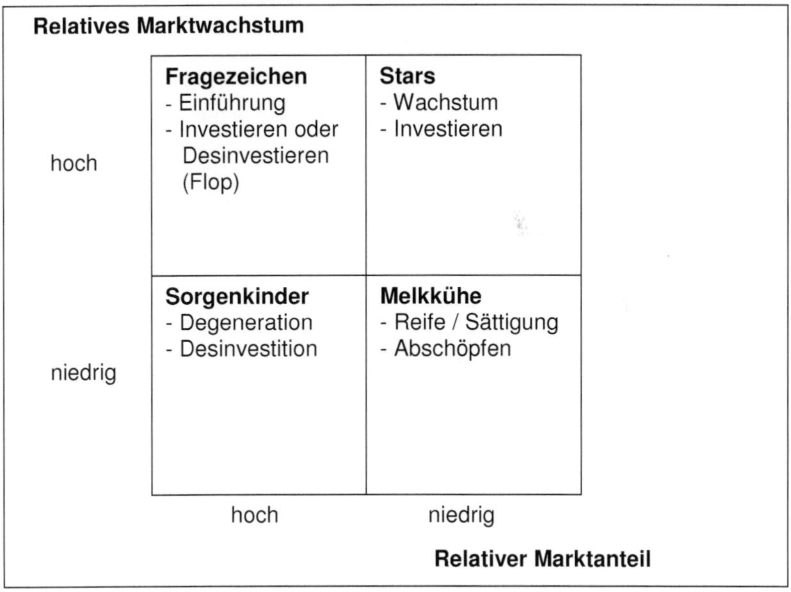

Abb. 12 Vier-Felder-Portfolio[49]

[47] Vgl. Vollmuth, Hilmar J.: Controlling-Instrumente von A – Z, 6. Auflage, Planegg/München, 2003, S. 345
[48] Vgl. Schneider, Dietram: Unternehmensführung und strategisches Controlling, 2. Auflage, München, 2000, S. 138 ff.
[49] Schneider, Dietram: Unternehmensführung und strategisches Controlling, 2. Auflage, München, 2000, S. 139 und Czenskowsky, T., Schünemann, G., Zdrowomyslaw, N.: Grundzüge des Controlling, Gernsbach, 2002, S. 103

• Neun-Felder-Portfolio bzw. Marktattraktivitäts-Wettbewerbsstärken-Portfolio von McKinsey:

Als Konkurrenzprodukt und aus Kritik an dem Vier-Felder-Portfolio hat McKinsey das Neun-Felder-Portfolio entwickelt. Neben den quantitativen Informationen, die die Boston Consulting Group in ihrem Instrument verwenden, werden hier vor allem zukünftige Geschäftsfelder beurteilt. Als Erfolgsfaktoren gelten die „relative Wettbewerbsstärke" und die „Marktattraktivität", die aber je nach Anwendungsgebiet variieren können.[50] Nachfolgend ist die allgemeine Grafik zu sehen.

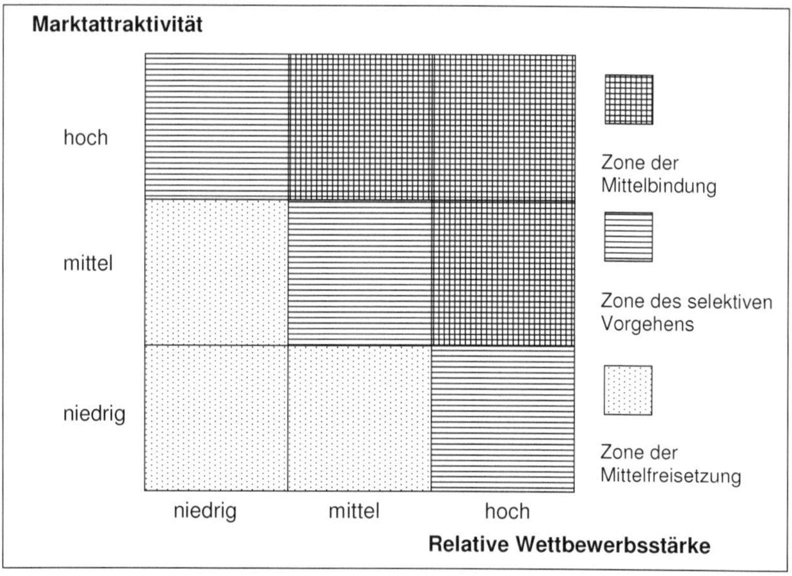

Abb. 13 Neun-Felder-Portfolio[51]

[50] Vgl. Schneider, Dietram: Unternehmensführung und strategisches Controlling, 2. Auflage, München, 2000, S. 146 und Czenskowsky, T., Schünemann, G., Zdrowomyslaw, N.: Grundzüge des Controlling, Gernsbach, 2002, S. 106 f.
[51] Czenskowsky, T., Schünemann, G., Zdrowomyslaw, N.: Grundzüge des Controlling, Gernsbach, 2002, S. 109

Für die Anwendung der Portfolio-Analyse bei Make-or-Buy-Entscheidungen im Logistikbereich sind z. B. Make-or-Buy oder Lieferanten-Portfolios möglich. Diese beziehen sich auf die Kern- und Randleistungen sowie die Lieferantenauswahl und -analyse bei Unternehmen. Welche Leistungen oder Lieferanten von dem Instrument beurteilt werden sollen, sind abhängig von der praktischen Fragestellung. Bei den Erfolgsfaktoren handelt es sich i. d. R. um die „strategische Relevanz" und die „Auslagerbarrieren". Die jeweiligen Kriterien sind davon abhängig, um welche Make-or-Buy-Objekte es sich handelt. Es werden die aktuellen und zukünftigen Marktpositionierungen auf Beschaffungs- und Absatzseite mit diesem Instrument betrachtet. Zudem muss auch die Marktsituation in verschiedenen Ländern dargestellt werden, was mit dem Länder-Portfolio möglich ist, da dieses sich mit den Dimensionen „generelle Leistungsfähigkeit" und „internationale Management-Kompetenz" auseinander setzt.[52]

3.5. Stärken- und Schwächen-Analyse

Als Teil der Unternehmensanalyse ist die Stärken- und Schwächen-Analyse in den verschiedenen Unternehmensbereichen einsetzbar. Genau genommen ist die Aufgabe dieses Instruments die Betrachtung eines festgelegten Ist-Zustandes, um die erkennbaren Stärken weiter auszubauen und die Schwächen so schnell wie möglich zu beseitigen. Als grafische Hilfe nutzt dieses Instrument verschiedene Kriterien, welche unterschiedlich bewertet werden können. Die Kriterien können quantitativer Art (z. B. Produktivität) oder qualitativer Art (z. B. Lieferantenabhängigkeit) sein. Die Beispiele in den beiden folgenden Abbildungen beziehen sich ausschließlich auf logistische Kriterien mit zwei Bewertungsarten, zum einen der schlecht-mittel-gut-Bewertung und zum anderen zeigen sie auf, ob Chancen, Risiken oder aber keine Reaktionen zu erwarten sind.

[52] Vgl. Schneider, Dietram: Unternehmensführung und strategisches Controlling, 2. Auflage, München, 2000, S. 156 ff.

Die Durchführung dieser Analyse wird in drei Schritten gemacht:

- Beurteilungskriterien festlegen
- Bewertung vornehmen
- Auswertung der Ergebnisse durchführen

Bewertungsmaß	Aktuelle Stärken/Schwächen zum Marktdurchschnitt Anmerkungen	schlecht	mittel	gut
Kriterien				
Logistik				
Produktion (Betriebslogistik)				
Produktionsanlagen	Ø 5-10 Jahre alt		x	
Verfahren	ausgereift			x
Qualität	gut			x
Flexibilität	nicht marktgerecht	x		
Produktivität	gut			x
Kapazitätsauslastung	nicht gegeben	x		
Termineinhaltung	sehr gut			x
Materialwirtschaft (Beschaffungslogistik)				
Einkaufsoptimierung				
Bezugsquellen	zu wenige	x		
Lieferantenabhängigkeit	hoch	x		
Qualitätskontrolle	zu aufwendig		x	
Lagerhaltung	nicht ausgelastet		x	
Lieferantenauswahl	viele Lieferanten		x	
usw.				

Abb. 14 Stärken-Schwächen-Profil[53]

[53] Vgl. Czenskowsky, T., Schünemann, G., Zdrowomyslaw, N.: Grundzüge des Controlling, Gernsbach, 2002, S. 90

Bewertungsmaß	Chancen/Risiken (mittel- langfristig)			
	Anmerkung	Chancen	weder noch	Risiken
Kriterien				
Logistik				
Produktion (Betriebslogistik)				
Produktionsanlagen	Neuanschaffung			x
Verfahren	eventuell verbessern	x		
Qualität	beibehalten/ausbauen	x		
Flexibilität	verbessern			x
Produktivität	beibehalten/ausbauen		x	
Kapazitätsauslastung	Kapazität reduzieren	x		
Termineinhaltung	festigen	x		
Materialwirtschaft (Beschaffungslogistik)				
Einkaufsoptimierung				
Bezugsquellen	Eigenherstellung			x
Lieferantenabhängigkeit	Eigenherstellung			x
Qualitätskontrolle	Verfahrensänderung			x
Lagerhaltung	Kapazitätserhöhung		x	
Lieferantenauswahl	Verhandlungsspielraum	x		
usw.				

Abb. 15 Chancen-Risiken-Profil[54]

Neben den hier vorliegenden Bewertungsmaßen könnte man auch eine Einordnung in den Dimensionen -3 bis 3 von schlecht bis gut vornehmen. Somit wird die Auswertung immer feiner, aber die Angaben der Befragten können auch ungenauer werden, da man eventuell zwischen zwei Antworten schwankt und sich dann doch für die bessere oder schlechtere Einordnung entscheidet. Die Bewertung der einzelnen Kriterien kann von den verantwortlichen Führungspersonen oder Dritten durchgeführt werden. Dabei werden die jeweiligen Meinungen zu den vorher festgelegten Dimensionen eingeholt und hinterher ausgewertet. Damit dieses Instrument möglichst objektive Antworten darstellt, wird die Analyse anonym durchgeführt und alle Antworten werden im Durchschnitt berechnet. Nach Bekanntgabe der Lösungen sollten diese von der Gruppe diskutiert und neue Ziele ausgearbeitet werden.[55]

[54] Vgl. Czenskowsky, T., Schünemann, G., Zdrowomyslaw, N.: Grundzüge des Controlling, Gernsbach, 2002, S. 90
[55] Vgl. Vollmuth, Hilmar J.: Controlling-Instrumente von A – Z, 6. Auflage, Planegg/München, 2003, S. 422

3.6. Benchmarking

Das Benchmarking ist ein strategisches Controlling-Instrument, mit dem Unternehmen sich selbst mit den besten Unternehmen messen können. Der Zweck dieses Vergleichs ist es, dass man Anhand der Auswertung von den Vergleichspartnern lernen möchte und die eigenen Schwächen gegenüber den Besten sichtbar werden.[56] Die Durchführung muss von allen beteiligten Firmen als fortlaufender Prozess angesehen werden, da ständige Veränderungen durch den Markt zu verschiedenen Ergebnissen führen, was wiederum zu neuen Positionierungen der Beteiligten führt. Allgemein kann man Benchmarking als Untersuchung bei allen wirtschaftlichen Handlungen anwenden. Als Benchmarking-Kriterien werden Kennzahlen gewählt, welche von den Unternehmen verbessert werden sollen.
Diese beziehen sich z. B. auf:

- Umsatz
- Kosten
- Gewinn
- Cashflow
- Rentabilität
- Produktivität
- Qualität[57]

Die Art der Benchmarking-Kriterien ist sowohl in der Industrie als auch im Dienstleistungsgewerbe und öffentlichen Sektor anwendbar, was dazu führt, dass dieses Instrument in diesen Bereichen häufig zum Einsatz kommt. Zur Auswertung der Ursache-Wirkungszusammenhänge müssen neben den quantitativen auch qualitative Informationen vorliegen, um die Ursachen der Leistungsunterschiede zu erklären. Die Unternehmen, die am Benchmarking teilnehmen, sollten die weltweit Besten auf ihrem Gebiet sein.

[56] Vgl. Vollmuth, Hilmar J.: Controlling-Instrumente von A – Z, 6. Auflage, Planegg/München, 2003, S. 245
[57] Vgl. Vollmuth, Hilmar J.: Controlling-Instrumente von A – Z, 6. Auflage, Planegg/München, 2003, S. 248

Damit ist gemeint, dass es bei der Auswahl der Beteiligten keine Einschränkung z. B. auf die Branche oder Region geben sollte.

Anhand des Benchmarking werden Ziele von Unternehmen mit den besten Unternehmen verglichen, woraus Leistungsunterschiede erkennbar sind, welche wiederum zur Zielsetzung dienen und Grundlage für die Untersuchung der Zielerreichung sind.[58]

Es gibt verschiedene Arten von Benchmarking, da nicht nur ein Vergleich mit den besten Unternehmen von Vorteil sein kann. Je nachdem, welche Erkenntnisse sich das Management von der Untersuchung erhofft, kann man die Benchmarking-Arten wie in der folgenden Abbildung darstellen.

[58] Vgl. Krupp, Thomas: Benchmarking als Controlling-Instrument für die Kontraktlogistik, Lohmar – Köln, 2006, S. 50 ff.

Art	Internes Benchmarking	Wettbewerbs Benchmarking	Funktionales Benchmarking	Generisches Benchmarking
Definition	Vergleich zwischen verschiedenen Geschäfts-einheiten	Vergleich mit der direkten Konkurrenz	Vergleich ähnlicher Funktionen mit branchen-fremden Partnern	Vergleich über die Branchen- und Funktions-grenzen hinaus
Ziel	Steigerung der operationalen Effektivität und Effizienz Bessere Kenntnisse der eigenen Abläufe sowie von Stärken und Schwächen	Überprüfung der Position am Markt Aufschließen zum Branchen-führer mittels Anpassung der Best Practice Methoden	Optimierung eines für die Überlebens-sicherung der Unternehmung bedeutenden Organisations-bereichs (Funktion)	Paradigmen-Wechsel, Neuausrichtung oder Neu-gestaltung eines Unternehmens-bereichs oder des Unternehmens

Abb. 16 Benchmarking-Arten[59]

Wendet man Benchmarking auf den Logistikbereich oder nur einige Teile dieses Bereichs an, so kann man zum einen die stärksten Unternehmen vom gleichen Markt wählen, um Leistungsunterschiede festzustellen oder man wählt Logistikdienstleister, um eventuelle Leistungsunterschiede zu erkennen und zu reagieren. Das Ergebnis des Benchmarking für Logistik ist gut geeignet für Make-or-Buy-Entscheidungen, da Handlungsmöglichkeiten gut erkennbar werden.

[59] Krupp, Thomas: Benchmarking als Controlling-Instrument für die Kontraktlogistik, Lohmar – Köln, 2006, S. 57

4. Entscheidungsgrundlage für Outsourcing mit Beispiel an einem fiktiven Unternehmen

Zunächst wird unter Punkt 4.1. ein fiktives Unternehmen aus der Zuliefererbranche der Automobilindustrie dargestellt. Dabei wird auf die Bilanz verzichtet und dafür die GuV mit ihrer Kostenstruktur erläutert. Speziell die Kostenstruktur des Logistikbereichs des Unternehmens wird gegliedert, damit die unter Punkt 3. erklärten Controlling-Instrumente zum Einsatz kommen können. Weiterhin wird im nächsten Abschnitt der Markt der Zulieferer für die Automobilbranche erläutert, damit die Wettbewerbssituation erkennbar wird und z. B. die Portfolio-Analyse oder das Benchmarking durchgeführt werden können.

4.1. Darstellung des fiktiven Unternehmens

Die Größen der Werte in der GuV sind auf ein mittelständisches Unternehmen angepasst und von einer realen GuV[60] abgeleitet, damit die Kosten und Erlöse realitätsnah wiedergegeben werden. Für das Unternehmen sind insgesamt 240 Mitarbeiter tätig. Der Logistikbereich des Unternehmens ist in drei Teile unterteilt, der Beschaffungslogistik, der Betriebslogistik und der Distributions- und Entsorgungslogistik. Die Mitarbeiterzahl in diesen Bereichen beträgt insgesamt 58, wobei 3 Mitarbeiter die Funktion des Abteilungsleiters haben. Nachfolgend wird das fiktive Unternehmen „Muster AG" genannt, welches sich auf dem Bereich Dieselmotorentechnik zum Teil schon spezialisiert hat, sich aber vermehrt auf die Kerngeschäfte fokussieren möchte. Laut der Definition der KfW Mittelstandsbank gehören Unternehmen mit einem Jahresumsatz von höchstens 50 Millionen Euro und maximal 250 Mitarbeitern dem Mittelstand an. Aufgrund dieser Vorlage ist die „Muster AG" dem Mittelstand zuzuordnen.[61]

---

[60] Vgl. Unternehmens-GuV der Beru AG, Zuliefererunternehmen der Automobilindustrie, URL: http://www.beru.com/download/investor/berichte/BZLJ06D-06.pdf (03.12.2007)
[61] Vgl. KfW Mittelstandsbank, KMU Definition, URL: http://www.kfw-mittelstandsbank.de/DE_Home/Service/Kreditantrag_und_Formulare/142291_M_KMU_Definition_2005_01.pdf (04.12.2007), S. 1

Gewinn- und Verlustrechnung „Muster AG"	
	in T Euro
Umsatzerlöse	30.000
Bestandsveränderungen und andere aktivierte Eigenleistungen	-250
Sonstige betriebliche Erträge	1.833
	31.583
Materialaufwand	-16.442
Personalaufwand	-6.083
Abschreibungen und Wertminderungen	-1.333
Sonstige betriebliche Aufwendungen	-4.167
Ergebnis der betrieblichen Tätigkeit	**3.558**
Zinsen und ähnliche Erträge	192
Zinsen und ähnliche Aufwendungen	-25
Ergebnis vor Ertragsteuern	**3.725**
Steuern vom Einkommen und Ertrag	-267
Jahresüberschuss	**3.458**

Abb. 17 Gewinn- und Verlustrechnung der „Muster AG"[62]

Da in diesem Kapitel eine Entscheidungsgrundlage für das Outsourcing von Logistiktätigkeiten geschaffen werden soll, wird auch nur der Logistikbereich relevant sein. Die Logistik befasst sich im Unternehmen mit dem gesamten Warenstrom vom Lieferanten durch den Betrieb bis hin zum Kunden und stellt somit eine Servicefunktion dar. Deshalb sind Logistikkosten nur schwer abzugrenzen. Laut Gudehus liegt der Anteil der Logistikkosten in einem Industriebetrieb bei 5 bis 15 % vom Umsatz.[63] Bei der „Muster AG" wird von einem Logistikkostenanteil von 10 % vom Umsatz ausgegangen, welcher sich wie in Abbildung 18 aufteilen lässt.

[62] Vgl. GuV-Struktur der Beru AG, mit veränderten Werten, aber gleichen Verhältnissen der Werte, URL: http://www.beru.com/download/investor/berichte/BZLJ06/02-gewinnverlust.xls (03.12.2007)
[63] Vgl. Gudehus, Timm: Logistik, 2. Auflage, Hamburg, 2003, S. 143

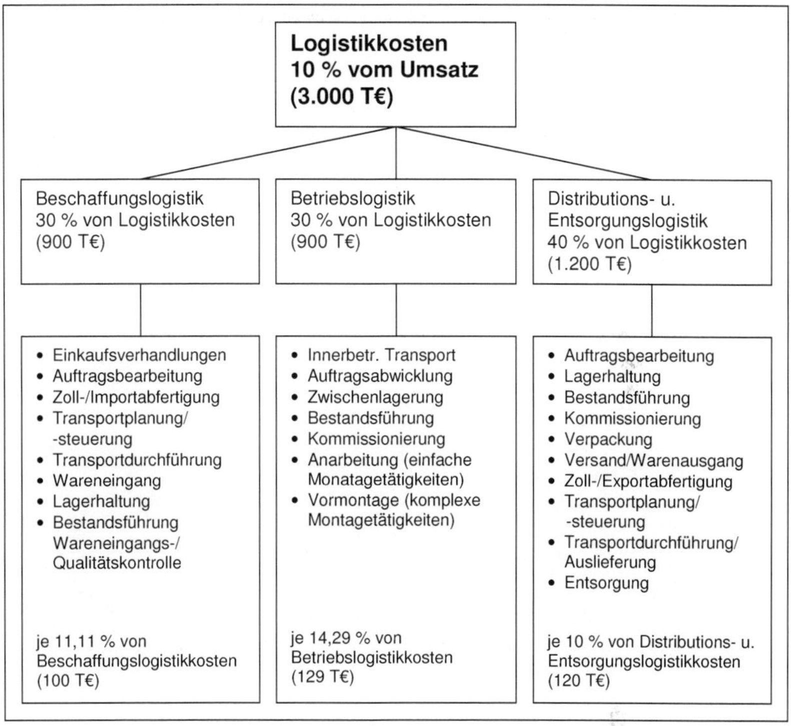

Abb. 18 Aufteilung Logistikkosten auf Logistikaktivitäten in Anlehnung an Engelbrecht[64]

Nachdem die Logistikkosten bis auf die einzelnen Aktivitäten dargestellt wurden und alle relevanten Informationen der „Muster AG" vorliegen, wird im nächsten Abschnitt der Zulieferermarkt auf dem das Unternehmen tätig ist erläutert.

[64] Vgl. Weber, J., Deepen, J.: Erfolg durch Logistik – Erkenntnisse aktueller Forschungen, Vallendar, 2003, S. 55

4.2. Erläuterung zum Zulieferermarkt der Automobilbranche

In den letzten Jahren konnte in der Automobil- und der Zuliefererbranche ein stetiges Umsatzwachstum verzeichnet werden, was vor allem auf die steigende Nachfrage aus dem Ausland zurückzuführen ist. Der Umsatz der deutschen Zuliefererbranche ist im fünften Jahr in Folge gestiegen, während die Beschäftigtenzahl leicht rückläufig war.

Herstellung von Kfz-Teilen und -Zubehör			
	2005	2006 *)	Veränd. in %
Umsatz (in Mio. Euro)	68.334	72.211	5,7
Inlandsumsatz (ohne MwSt.)	39.329	40.523	3,0
Auslandsumsatz	29.005	31.689	9,3
Beschäftigte (Jahresdurchschnitt)	323.837	321.063	-0,9

*) teilweise vorläufig bzw. geschätzt

Abb. 19 Umsatz- und Beschäftigtenzahl der Zuliefererbranche 2006[65]

Auf dem Markt der Zulieferer von Teilen u. ä. für Kraftwagen und deren Motoren waren 2005 insgesamt 614 Unternehmen tätig. Von dem darauf folgenden Jahr sind derzeit keine aktuellen Zahlen bekannt. Da sich an der Beschäftigtenzahl nicht viel geändert hat, wird vermutet, dass im Jahr 2006 ähnlich viele Firmen in dieser Branche tätig waren.[66]

Trotz der Zunahme der Auslandsaktivitäten der Zulieferer und dem allgemeinen Wachstum der Automobilbranche sind vor allem die kleinen Zulieferer-unternehmen einem sehr hohen Konkurrenzdruck ausgeliefert.

[65] Verband der Automobilindustrie, Allgemeines, URL: http://www.vda.de/de/aktuell/statistik/jahreszahlen/allgemeines/index.html (05.12.2007)
[66] Statistisches Bundesamt Deutschland, Kostenstruktur der Unternehmen des Verarbeitenden Gewerbes Fachserie 4 Reihe 4.3 – 2005, S. 186, Nr. 34.30

Neben der Konkurrenzsituation, welche vor allem durch die Globalisierung zu verzeichnen ist, kommen noch der Kostendruck der Hersteller sowie steigende Rohstoffpreise auf die Hersteller von Kfz-Teilen und -Zubehör zu. Von diesen Marktgegebenheiten sind am meisten kleine und mittlere Unternehmen betroffen, die sich aber durch Innovation oder Kooperation mit anderen Unternehmen dieser Situation stellen können.[67]

4.3. Erläuterungen zum Markt der Logistikdienstleistungsunternehmen

Damit sich ein Unternehmen entscheiden kann, an wen die Fremdvergabe von einzelnen Leistungen vergeben werden soll, müssen Informationen dieser Unternehmen zur Verfügung stehen.

In diesem Abschnitt wird der Markt der Logistikdienstleister näher erläutert, da die „Muster AG" Überlegungen bezüglich des Logistik-Outsourcing hat. Es werden Informationen über die Anzahl der Unternehmen und die Tätigkeiten, die sie machen, gegeben.

Laut dem Statistischen Bundesamt Deutschland sind die Logistikdienstleister allgemein in dem Wirtschaftszweig „Hilfs- und Nebentätigkeiten für den Verkehr und Verkehrsvermittlung" tätig. In diesem Wirtschaftsbereich sind insgesamt 23.400 Unternehmen tätig. Die Unterteilung der Dienstleistungsunternehmen wird anhand der damit verbundenen Aufgaben gemacht:

- Spedition und sonstige Verkehrsvermittlung (50,3%; 11.770 Firmen)
- Reisebüros und Reiseveranstalter (39,3%; 9.196 Firmen)
- Sonst. Hilfs- und Nebentätigkeiten für den Verkehr (5,3%; 1.240 Firmen)
- Frachtumschlag und Lagerei (5,1%; 1.193 Firmen)[68]

[67] Vgl. Verband der Automobilindustrie, Auto Jahresbericht 2007, URL: http://www.vda.de/de/service/jahresbericht/files/VDA_2007.pdf (05.12.2007), S. 65 ff.
[68] Vgl. Statistisches Bundesamt Deutschland, Strukturerh. i.Dienstleistungsber. 2005 - Hilfs- und Nebentätigkeiten für den Verkehr – Verkehrsvermittlung, URL: https://www-ec.destatis.de/csp/shop/sfg/bpm.html.cms.cBroker.cls?cmspath=struktur,vollanzeige.csp&ID=1020855 (05.12.2007), S. 4

Die für die „Muster AG“ interessanten Unternehmen sind somit die Speditionen und die Unternehmen, dessen Aufgabenbereiche der Frachtumschlag und die Lagerei sind.

Da sich diese Unternehmen in den einzelnen Bereichen spezialisiert haben, bestehen einige Vorteile aber eventuell auch Nachteile, wenn man Leistungen der Unternehmen in Anspruch nimmt.

Nachdem in den Punkten 4.1. und 4.2 das Unternehmen „Muster AG“ und Markt der Zulieferer der Automobilindustrie näher dargestellt und in diesem Abschnitt kurz auf die Situation der Logistikdienstleisterbranche eingegangen wurde, liegen somit alle relevanten Informationen für den Einsatz der Controlling-Instrumente aus Punkt 3. vor. Im weiteren Verlauf dieses Kapitels wird anhand der Instrumente eine Entscheidungsgrundlage für oder gegen Outsourcing geschaffen.

4.4. Darstellung einer Entscheidungsgrundlage für das Thema Outsourcing anhand von ausgewählten Controlling-Instrumenten

Die Entscheidungsgrundlage für das Management wird durch die Controlling-Instrumente, welche unter Punkt 3. erklärt wurden, dargestellt. Anhand der zuvor erhaltenen Informationen wird der Einsatz dieser Instrumente möglich sein.

4.4.1. Prozesskostenrechnung im Logistikbereich der „Muster AG“

Bevor die Prozesskostenrechnung durchgeführt werden kann, müssen die Teilprozesse des Logistikbereichs der „Muster AG“ definiert werden. Mitarbeiterbefragungen und Abstimmungen mit dem Management sind geeignete Methoden, um sich einen Überblick über die Logistik-Teilprozesse des Unternehmens zu verschaffen. Die Ergebnisse bilden die Grundlage der Prozesskostenrechnung, wie in der nachfolgenden Abbildung am Beispiel des fiktiven Unternehmens dargestellt wird.

Teilprozesse im Bereich: Beschaffungslogistik

Teilprozess	Maßgröße	Menge/Woche	Stunden/Woche	Prozessverantwortlicher
Einkaufsverhandlungen	# Verhandlungen	68	11	Thomsen
Auftragsbearbeitung	# Aufträge	252	30	Müller
Zoll-/Importabfertigung	# Aufträge Ausland	69	14	Hansen
Transportplanung/-steuerung	# Container	18	25	Hansen
Transportdurchführung	# Container	18	28	Lustig
Wareneingang	# Eingänge	220	15	Petersen
Lagerhaltung	# Eingänge	220	20	Danneberg
Bestandsführung	# Eingänge	220	15	Danneberg
Wareneingangs-/Qualitätskontrolle	# Eingänge	220	18	Petersen

Teilprozesse im Bereich: Betriebslogistik

Teilprozess	Maßgröße	Menge/Woche	Stunden/Woche	Prozessverantwortlicher
Innerbetr. Transport	# unfertige u. fertige Erzeugnisse	1978	25	Petersen
Auftragsabwicklung	# Aufträge	252	12	Schurig
Zwischenlagerung	# unfertige u. fertige Erzeugnisse	1978	22	Clausen
Bestandsführung	# unfertige u. fertige Erzeugnisse	1978	16	Clausen
Kommissionierung	# Kd.-Aufträge	230	18	Petersen
Anarbeitung (einfache Monatagetätigkeiten)	# unfertige Erzeugnisse	1480	43	Hoffmann
Vormontage (komplexe Montagetätigkeiten)	# unfertige Erzeugnisse	1480	40	Hoffmann

Teilprozesse im Bereich: Distributions- und Entsorgungslogistik

Teilprozess	Maßgröße	Menge/Woche	Stunden/Woche	Prozessverantwortlicher
Auftragsbearbeitung	# Kd.-Aufträge	230	20	Meier
Lagerhaltung	# fertige Erzeugnisse	498	16	Schäfer
Bestandsführung	# fertige Erzeugnisse	498	14	Schäfer
Kommissionierung	# Kd.-Aufträge	230	30	Meier
Verpackung	# Paletten	600	33	Voss
Versand/Warenausgang	# Paletten	600	20	Herbst
Zoll-/Exportabfertigung	# Kd.-Aufträge Ausland	115	27	Groß
Transportplanung/-steuerung	# Container	25	15	Groß
Transportdurchführung/Auslieferung	# Container	25	30	Neumann
Entsorgung	# Abfallcontainer	20	8	Neumann

Abb. 20 Teilprozesse der einzelnen Logistikbereiche[69]

[69] Vgl. Ropers, Jens: Prozesskostenrechnung – Leitfaden zur erfolgreichen Anwendung, Offenburg, 2006, S. 31

Es liegen nun also die Informationen über die einzelnen Teilprozesse vor, sowie die „cost-driver" in Form der Maßgrößen. Für die Durchführung der Prozesskostenrechnung stehen vom Unternehmen weitere Daten über Anzahl der Mitarbeiter und Kosten pro Prozesskostenstelle zur Verfügung. In dem Bereich der Beschaffungslogistik sind 18 Mitarbeiter und 1 Abteilungsleiter tätig und die Kosten pro Jahr liegen bei 900 Tsd. Euro. In der Betriebslogistik arbeiten 17 Mitarbeiter und 1 Abteilungsleiter und hier liegen die Kosten pro Jahr ebenfalls bei 900 Tsd. Euro. Die Kosten der Distributions- und Entsorgungslogistik liegen bei insgesamt 1.200 Tsd. Euro pro Jahr und hier sind 20 Mitarbeiter und 1 Abteilungsleiter tätig.

Nachdem die Prozesskostenrechnung in den drei Logistikabteilungen durchgeführt wurde, ergibt sich folgendes Bild.

Prozesskostenstelle Beschaffungslogistik		Kapazität: 19 MA Kosten/Jahr: 900.000 €		Kosten pro MA/Jahr: 47.368 €					
Teilprozess			Prozess-	Mitarbeitereinsatz	Teilprozesskosten (€)			PK-Satz (€)	
Nr.	Bezeichnung	cost driver Anzahl	menge	$Im_i + Im_n$	Im_i	Umlage Im_n	$Im_i + Im_n$	Im_i	$Im_i + Im_n$
1	Einkaufsverhandlungen	# Verhandlungen	68	2,00	94.737	5.263	100.000	1.393,19	1.470,59
2	Auftrágsbearbeitung	# Aufträge	252	2,00	94.737	5.263	100.000	375,94	396,83
3	Zoll- u. Importabfertigung	# Aufträge Ausland	69	1,00	47.368	2.632	50.000	686,50	724,64
4	Transportplanung/ -steuern	# Container	35	2,00	94.737	5.263	100.000	2.706,77	2.857,14
5	Transportdurchführung	# Container	35	2,00	94.737	5.263	100.000	2.706,77	2.857,14
6	Wareneingang	# Eingänge	220	2,00	94.737	5.263	100.000	430,62	454,55
7	Lagerhaltung	# Eingänge	220	3,00	142.105	7.895	150.000	645,93	681,82
8	Bestandsführung	# Eingänge	220	2,00	94.737	5.263	100.000	430,62	454,55
9	Qualitätskontrolle Eingang	# Eingänge	220	2,00	94.737	5.263	100.000	430,62	454,55
10	Leitung			1,00					
				19,00	852.632	47.368	900.000		

Abb. 21a Prozesskostenrechnung für die Kostenstelle Beschaffungslogistik[70]

[70] Vgl. Ropers, Jens: Prozesskostenrechnung – Leitfaden zur erfolgreichen Anwendung, Offenburg, 2006, S. 36

Prozesskostenstelle Betriebslogistik		Kapazität: 18 MA Kosten/Jahr: 900.000 €		Kosten pro MA/Jahr: 50.000 €					
Teilprozess			Prozess-	Mitarbeitereinsatz	Teilprozesskosten (€)			PK-Satz (€)	
Nr.	Bezeichnung	cost driver Anzahl	menge	$Im_i + Im_n$	Im_i	Umlage Im_n	$Im_i + Im_n$	Im_i	$Im_i + Im_n$
1	Innerbetr. Transport	# unfertige u. fertige Erzeugnisse	1.978	2,00	100.000	5.882	105.882	50,56	53,53
2	Auftragsabwicklung	# Aufträge	252	2,00	100.000	5.882	105.882	396,83	420,17
3	Zwischenlagerung	# unfertige u. fertige Erzeugnisse	1.978	3,00	150.000	8.824	158.824	75,83	80,30
4	Bestandsführung	# unfertige u. fertige Erzeugnisse	1.978	2,00	100.000	5.882	105.882	50,56	53,53
5	Kommissionierung	# Kd.-Aufträge	230	2,00	100.000	5.882	105.882	434,78	460,36
6	Anarbeitung (einfache Monatagetätigkeiten)	# unfertige Erzeugnisse	1480	3,00	150.000	8.824	158.824	101,35	107,31
7	Vormontage (komplexe Montagetätigkeiten)	# unfertige Erzeugnisse	1480	3,00	150.000	8.824	158.824	101,35	107,31
8	Leitung			1,00					
				18,00	850.000	50.000	900.000		

Prozesskostenstelle Distributions- u. Entsorgungslogistik		Kapazität: 21 MA Kosten/Jahr: 1.200.000 €		Kosten pro MA/Jahr: 57.143 €					
Teilprozess			Prozess-	Mitarbeitereinsatz	Teilprozesskosten (€)			PK-Satz (€)	
Nr.	Bezeichnung	cost driver Anzahl	menge	$Im_i + Im_n$	Im_i	Umlage Im_n	$Im_i + Im_n$	Im_i	$Im_i + Im_n$
1	Auftragsbearbeitung	# Kd.-Aufträge	230	1,00	57.143	2.857	60.000	248,45	260,87
2	Lagerhaltung	# fertige Erzeugnisse	498	2,00	114.286	5.714	120.000	229,49	240,96
3	Bestandsführung	# fertige Erzeugnisse	498	2,00	114.286	5.714	120.000	229,49	240,96
4	Kommissionierung	# Kd.-Aufträge	230	2,00	114.286	5.714	120.000	496,89	521,74
5	Verpackung	# Paletten	600	3,00	171.429	8.571	180.000	285,71	300,00
6	Versand/ Warenausgang	# Paletten	600	3,00	171.429	8.571	180.000	285,71	300,00
7	Zoll-/Exportabfertigung	# Kd.-Aufträge Ausland	115	1,00	57.143	2.857	60.000	496,89	521,74
8	Transportplanung/ -steuerung	# Container	40	2,00	114.286	5.714	120.000	2.857,14	3.000,00
9	Transportdurchführung/ Auslieferung	# Container	40	3,00	171.429	8.571	180.000	4.285,71	4.500,00
10	Entsorgung	# Abfallcontainer	20	1,00	57.143	2.857	60.000	2.857,14	3.000,00
11	Leitung			1,00					
				21,00	1.142.857	57.143	1.200.000		

Abb. 21b Prozesskostenrechnung für die Kostenstellen Betriebslogistik und Distributions- und Entsorgungslogistik[71]

Anhand der vorliegenden Ergebnisse kann vom Management ein Vergleich mit Anbietern genau dieser Leistungen, die in den Teilprozessen zusammengefasst sind, gemacht werden.

[71] Vgl. Ropers, Jens: Prozesskostenrechnung – Leitfaden zur erfolgreichen Anwendung, Offenburg, 2006, S. 36

Außerdem bieten die Darstellungen eine Übersicht über die einzelnen Prozesskosten und decken eventuelle Einsparungsmöglichkeiten auf.

4.4.2. Transaktionskostentheorie im Logistikbereich der „Muster AG“

Wie schon in Punkt 3.2. erläutert, sind mit jeder Transaktion, also dem Übergang einer Sache oder Leistung, Kosten verbunden. Je nach Organisationsform eines Unternehmens hat dieses verschiedene Rechte. Anhand der Koordination, die damit verknüpft ist, können Transaktionskosten beeinflusst werden.

Je nach Tätigkeit fallen unterschiedlich hohe Transaktionskosten an, die direkt mit dieser verbunden sind. Ist das Ziel z. B. ein Liefervertrag mit einem Spediteur abzuschließen, gehört auch die Suche nach Anbietern solcher Leistungen bis hin zum Vertragsabschluss dazu. Zusätzlich zu den Verträgen mit betriebsfremden Personen zählen die Arbeitsverträge der eigenen Angestellten auch zu den Transaktionskosten, allerdings nicht die damit verbundenen Löhne, Gehälter oder Sozialabgaben.

Bezogen auf den Logistikbereich der „Muster AG“, werden zur Analyse mit der Transaktionskostentheorie Informationen über die Höhe der Transaktionskosten benötigt. Die Informationen müssen Aufschluss über die Such-, Verhandlungs- und Kontrollkosten bezüglich der einzelnen Transaktionen geben und Kosten und Qualität der Verhaltenskoordination des Unternehmens wieder spiegeln.[72] Die Transaktionen, die in der Logistik des Unternehmens beurteilt werden sollen sind Transport, Umschlag, Planung und Lagerung der Produkte.

---

[72] Vgl. Ganske, Torsten: Mitbestimmung, Proberty-Rights-Ansatz und Transaktionskostentheorie, Frankfurt a. M., 1996, S. 112 f.

Die Kriterien der Transaktionskostenhöhe wurden vom Management vorgegeben:

- Spezifität
- Transaktionshäufigkeit
- Unsicherheit
- Transaktionsatmosphäre

Anhand dieser Faktoren können Entscheidungen über Make-or-Buy unterstützt werden, da ein Vergleich von externen Anbietern möglich ist. In der folgenden Abbildung werden Annahmen über verschiedene Dienstleistungsunternehmen getroffen und miteinander verglichen.

Unternehmen/Kriterien	Spezifität	Häufigkeit	Unsicherheit	Transaktionsatmosphäre
Dienstleister A (Deutschland)	mittel	hoch	niedrig	gut
Dienstleister B (Deutschland)	gut	hoch	mittel	gut
Dienstleister C (Deutschland)	gut	hoch	niedrig	gut
Dienstleister D (Polen)	mittel	mittel	niedrig	gut
Dienstleister E (Tschechien)	mittel	hoch	mittel	mittel

Abb. 22 Transaktionskosten[73]

Aus dem Vergleich der Logistikdienstleister ist zu erkennen, dass bei dem Unternehmen C aus Deutschland mit niedrigeren Transaktionskosten als bei den restlichen Anbietern zu rechnen ist. Nun muss geklärt werden, ob sich ein Verlagern der eigenen Logistiktätigkeiten lohnt. Das Management der „Muster AG" müsste bei der Entscheidung über Make-or-Buy Angebote aller Dienstleistungsunternehmen einholen und die Kosten mit den eigenen vergleichen. Die Transaktionskostentheorie gibt keine Auskunft über die Bezugspreise der Leistungen sondern nur über die Kosten, die direkt mit der Aktivität zu tun haben.

[73] Vgl. Krupp, Thomas: Benchmarking als Controlling-Instrument für die Kontraktlogistik, Lohmar – Köln, 2006, S. 107

4.4.3. Erfahrungskurvenkonzept im Logistikbereich der „Muster AG“

Dieses Instrument liefert Informationen über die Kosten des Logistikbereichs des Unternehmens. Die „Muster AG“ ist ein Traditionsunternehmen und hat schon lange Erfahrung im Logistikbereich, demnach arbeitet die Logistikabteilung ziemlich effektiv. Das Erfahrungskurvenkonzept befasst sich bei der Überlegung für oder gegen Outsourcing mit dem kompletten Logistikbereich. Das Unternehmen hat Informationen über die Kosten von externen Dienstleistungsanbietern sammeln können, als es einige Logistiktätigkeiten von Dritten hat erledigen lassen. Mit Zunahme der Tätigkeiten, die fremd vergeben werden, ist mit einer Kostendegression zu rechnen. In der Abbildung 23 werden die Kosten der „Muster AG“ den Preisen von zwei Logistikdienstleistern gegenüber gestellt. Die Kosten bzw. Preise beziehen sich auf die hauptsächlichen Logistiktätigkeiten Transport, Umschlag und Lagerung der Produkte des Unternehmens. Ein Problem stellt hier die Gewinnmarge der externen Anbieter dar, da diese nicht bekannt ist und somit die Kosten nur zu vermuten sind. Die Gewinnmarge stellt für die „Muster AG“ einen Verhandlungsspielraum dar, welcher aber nicht ausgereizt werden darf, da dadurch die Bindung zu den Anbietern leiden kann.

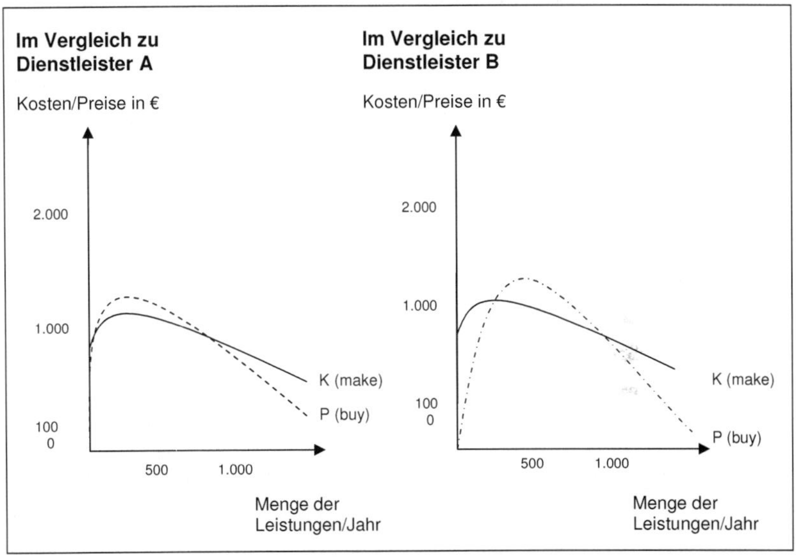

Abb. 23 Kostenvergleich Unternehmen – Dienstleistungsunternehmen

Wie in der Grafik zu erkennen ist, liegen die Kosten der Eigenleistung über den Preisen der Anbieter. Bei einer Nachfrage von ca. 50 bis 800 Einheiten lohnt es sich für die „Muster AG", die Leistungen selbst zu erstellen. Sollten die Nachfrage unter oder über dieser Menge liegen lohnt es sich die Leistungen des Anbieters A in Anspruch zu nehmen. Anders ist es bei Anbieter B, denn bei einer Menge von unter 300 und über 1.100 lohnt es sich, das Angebot anzunehmen. Vergleicht man aber A und B miteinander, so ist zu erkennen, dass der Preis von Anbieter B bei einer sehr geringen Menge bzw. bei einer Menge von ca. 2.000 Einheiten unter dem von Anbieter A liegt.

Die Menge aller Logistiktätigkeiten liegt bei der „Muster AG" bei über 2.000 Einheiten pro Jahr, d. h. mit Dienstleister B sollten Verhandlungen geführt werden. Da die Kosten des B nicht bekannt sind, sollte mit Vorsicht verhandelt werden, bevor die Verhandlungen scheitern.

4.4.4. Portfolio-Methode im Logistikbereich der „Muster AG“

Die Portfolio-Methode ist in den verschiedenen Unternehmensbereichen einsetzbar. In der „Muster AG“ wird dieses Controlling-Instrument zur Überprüfung des Marktes der Logistikdienstleistungsunternehmen gewählt, um eine Auswahl unter den Anbietern treffen zu können.

Die Dimensionen strategische Relevanz und Auslagebarrieren sowie Leistungsfähigkeit und Management-Kompetenz der Anbieter dienen der Make-or-Buy-Entscheidung. Mit Hilfe des Neun-Felder-Portfolios von McKinsey wird der Logistikbereich der „Muster AG“ überprüft und beurteilt. Dabei werden wieder die Tätigkeiten Transport, Umschlag und Lagerung von Waren die Punkte sein, auf die sich die Untersuchung bezieht. Da keine Daten vorliegen, werden hier Annahmen getroffen und anhand des Instruments dargestellt.

Zunächst wird mit Hilfe des Make-or-Buy-Portfolios die strategische Relevanz des Logistikoutsourcing geprüft. Speziell auf die einzelnen Aufgaben wird eingegangen, da eventuell nur einzelne Tätigkeiten durch Dritte ausgeführt werden sollen. Außerdem wird darauf geachtet, welche Barrieren für die einzelnen Bereiche vorliegen, da einige von ihnen direkt vom Unternehmen gemacht werden sollten. Kriterien für die strategische Relevanz, auf die in der Abbildung 24 eingegangen wird, sind z. B.:

- Wachstums-, Innovations- und Zukunftsträchtigkeit der Aufgaben
- Positionierung der Make-or-Buy-Objekte im Unternehmen
- Differenzierungs- und Imagerelevanz der Tätigkeiten

Kriterien bezüglich der Auslagerbarrieren sind z. B.:

- Schutzbedürftigkeit des eigenen Know-hows
- Gefahr des „Small-Numbers-Problems“, welches auftritt, wenn für die Make-or-Buy-Objekte nicht genügend Anbieter auf dem Markt vertreten sind
- Koordinations- und Abstimmungsaufwand der Beteiligten[74]

Die Bereiche, die von dem Make-or-Buy-Portfolio untersucht werden, sind: (a) Lagerhaltung und Bestandsführung, (b) Transport, (c) Zollabfertigung im Import und Export, (d) Abfallentsorgung und (e) Qualitätssicherung.

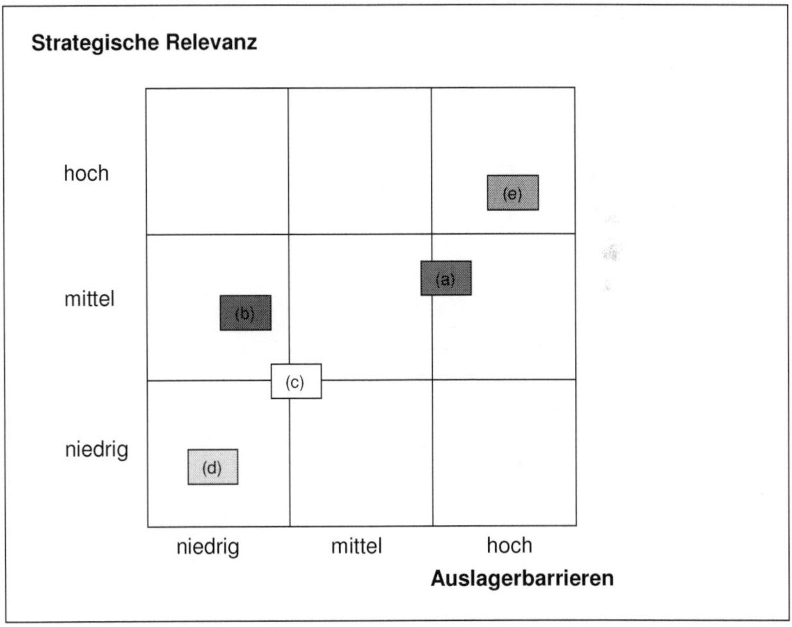

Abb. 24 Make-or-Buy-Portfolio für Logistikaufgaben anhand des Neun-Felder-Portfolios[75]

[74] Vgl. Schneider, Dietram: Unternehmensführung und strategisches Controlling, 2. Auflage, München, 2000, S. 157
[75] Vgl. Schneider, Dietram: Unternehmensführung und strategisches Controlling, 2. Auflage, München, 2000, S. 158

Aus der Darstellung sind die Bedeutungen der einzelnen Tätigkeiten zu erkennen, wobei zu beachten ist, dass die Anordnung der Bereiche nach eigenen Einschätzungen gemacht wurden und nicht auf Fakten oder Daten beruhen. Da von den Zulieferern der Automobilbranche aber Flexibilität und ein hohes Maß an Qualität von den Automobilherstellern gefordert wird, sollten die Bereiche Lagerhaltung- und Bestandsführung und Qualitätssicherung direkt im Betrieb bleiben.[76] Die restlichen, geprüften Tätigkeiten sind für das Unternehmen zwar auch von Bedeutung, könnten aber auch von externen Anbietern getätigt werden.

Nachdem die Tätigkeiten bestimmt wurden, die von der „Muster AG“ eventuell verlagert werden könnten, stellt sich die Frage nach den idealen Logistikdienstleister. Das folgende Portfolio wird anhand der Faktoren Leistungsfähigkeit und internationale Management-Kompetenz die Logistikdienstleistungsunternehmen A - E untersuchen, welche auch in Punkt 4.4.2. mit der Transaktionskostentheorie geprüft wurden.

---

[76] Vgl. Verband der Automobilindustrie, Auto Jahresbericht 2007, URL: http://www.vda.de/de/service/jahresbericht/files/VDA_2007.pdf (5.12.07)

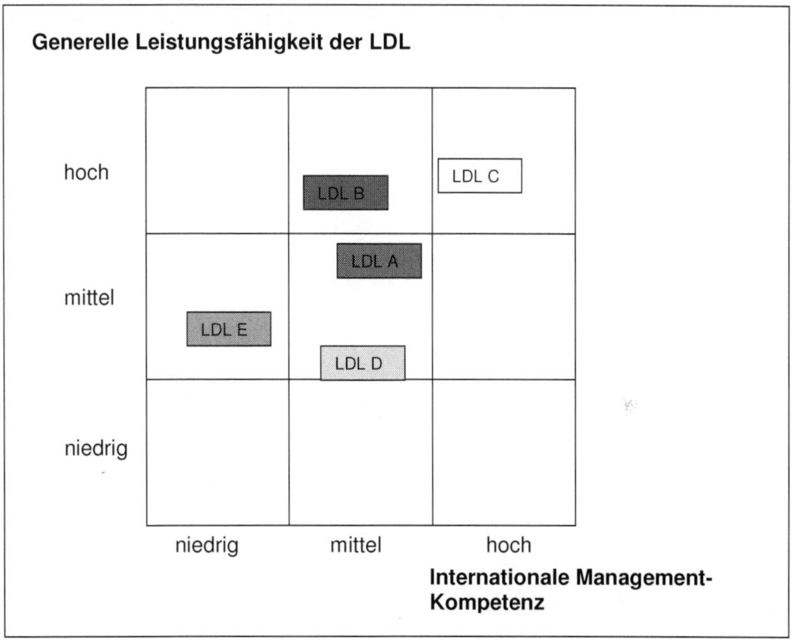

Abb. 25 Logistikdienstleister-Portfolio auf Basis des an Neun-Felder-Portfolios[77]

Das Ergebnis der Darstellung basiert auf der Annahme des Verfassers, da keine branchenspezifischen Informationen vorlagen.

An der vorigen Abbildung ist zu erkennen, dass das Unternehmen C nicht nur eine hohe Leistungsfähigkeit, sondern auch internationale Erfahrungen hat. Zu der Leistungsfähigkeit gehören z. B. die Qualität, Kapazitäten oder Termingerechtigkeit der Unternehmen. Die internationale Management-Kompetenz beschreibt die internationale Erfahrung der Dienstleister, Kontakte zum Abnehmerland oder Sprachkenntnisse des Managements. Aus der Darstellung geht hervor, dass bis auf Unternehmen E alle Erfahrung im Auslandsgeschäft haben, was aber aufgrund der Internationalisierung der Wirtschaftsmärkte nicht verwunderlich sein dürfte.

[77] Vgl. Schneider, Dietram: Unternehmensführung und strategisches Controlling, 2. Auflage, München, 2000, S. 160

4.4.5. Stärken-Schwächen-Analyse im Logistikbereich der „Muster AG“

Die Stärken-Schwächen-Analyse wird durch subjektive Einschätzungen von Verantwortlichen eines Unternehmens oder sonstigen Personen, die mit der Untersuchung zu tun haben bestimmt und deshalb kann die Darstellung in diesem Abschnitt nur vermutet werden.

In der Regel kommt dieses Controlling-Instrument dann zur Anwendung, wenn Einschätzungen zu einer bestimmten Fragestellung gefunden werden sollen. In der „Muster AG“ kommt es zum Einsatz, um die Leistungen des Logistikbereichs von verschiedenen Personen zu beurteilen. Es ist in diesem Fall davon auszugehen, dass z. B. Abteilungsleiter, Management und eventuell einzelne Kunden, in diesem Fall beteiligte Automobilhersteller, eine Stärken-Schwächen-Analyse zu beantworten hatten und der Durchschnitt der Antworten wie in Abbildung 25 dem Management „Muster AG“ vorgelegt wird. Die betroffenen Bereiche sind die Beschaffungs-, Betriebs- und Distributions- und Entsorgungslogistik. Die Stärken und Schwächen werden anhand der einzelnen Aufgaben von -3 bis 3, also sehr schlecht bis sehr gut zum Marktdurchschnitt, beurteilt.[78]

[78] Vgl. Vollmuth, Hilmar J.: Controlling-Instrumente von A – Z, 6. Auflage, Planegg/München, 2003, S. 421

Bewertungsmaß	Stärken/Schwächen im Vergleich zum Marktduchschnitt						
	-3	-2	-1	0	1	2	3
Kriterien							
Logistik							
Beschaffungslogistik							
Einkaufsverhandlungen						x	
Auftragsbearbeitung						x	
Zoll-/Importabfertigung			x				
Transportplanung/-steuerung		x					
Transportdurchführung			x				
Wareneingang					x		
Lagerhaltung				x			
Bestandsführung					x		
Wareneingangs-/Qualitätskontrolle						x	
Betriebslogistik							
Innerbetr. Transport					x		
Auftragsabwicklung				x			
Zwischenlagerung					x		
Bestandsführung				x			
Kommissionierung				x			
Anarbeitung (einfache Monatagetätigkeiten)			x				
Vormontage (komplexe Montagetätigkeiten)				x			
Distributions- u. Entsorgungslogistik							
Auftragsbearbeitung				x			
Lagerhaltung					x		
Bestandsführung					x		
Kommissionierung				x			
Verpackung			x				
Versand/Warenausgang				x			
Zoll-/Exportabfertigung		x					
Transportplanung/-steuerung			x				
Transportdurchführung/Auslieferung			x				
Entsorgung			x				

Abb. 26 Stärken-Schwächen-Analyse des Logistikbereichs

Die Abbildung zeigt einen zusammenfassenden Durchschnitt aller abgegeben Meinungen der Befragten. Anhand der Grafik sollte im Anschluss eine Diskussionsrunde mit den Beteiligten stattfinden, um die Ergebnisse zu analysieren. Aus dieser Grafik ist zu entnehmen, dass die „Muster AG“ u. a. beim Transport und bei den Importen und Exporten unter dem Marktdurchschnitt liegt. Aufgrund der vorliegenden Einschätzung der Tätigkeiten und einer sachlich geführten Diskussion, könnten Entscheidungen für oder gegen Outsourcing einzelner Aufgaben unterstützt werden.

4.4.6. Benchmarking im Logistikbereich der „Muster AG“

Mit Hilfe des Benchmarking soll in der „Muster AG“ ein Vergleich einzelner Kennzahlen, die für die Logistik errechnet werden, mit denen von anderen Unternehmen gemacht werden. Die beteiligten Unternehmen sollten in den zu beurteilenden Logistikaktivitäten die Besten sein. Deshalb beschränkt sich die Auswahl der Beteiligten nicht auf den Zulieferermarkt der Automobilindustrie, sondern bezieht alle Märkte ein, auf denen Logistikaktivitäten stattfinden. Die Ergebnisse der Untersuchung dienen den Unternehmen, indem Schwächen der eigenen Abteilungen zum Vorschein kommen und Verbesserungsmöglichkeiten sichtbar werden. Das Benchmarking ist als fortlaufender Prozess von den Unternehmen zu sehen und dient damit als kontinuierlicher Vergleich der Aktivitäten untereinander. Wie in Punkt 3.6. erläutert, gibt es verschiedene Arten des Benchmarking. Da die Aufgabe besteht, eine Entscheidungsgrundlage für Logistik-Outsourcing zu gestallten, beschränkt sich die Wahl der Benchmarkingarten auf „Wettbewerbs-Benchmarking“ und „Funktionales Benchmarking“.

Nachdem die Akzeptanz des Benchmarking in der „Muster AG“ sichergestellt und ein Benchmarking-Team gebildet wurde, sind die Objekte zu benennen und Inhalte zu definieren. Angenommen wird, dass 5 Unternehmen, die auch im Logistikbereich tätig sind und auf einzelnen Gebieten zu den Besten gehören, am Benchmarking mit der „Muster AG“ teilnehmen.

Es wird angenommen, dass die Beteiligten folgende Kennzahlen frei gewählt haben.

$$\text{Kosten Wareneingang (in \%)} = \frac{\text{Primärkosten Wareneingang}}{\text{Positionen Wareneingang}}$$

$$\text{Umschlagshäufigkeit} = \frac{\text{Umsatz in Verkaufspreisen}}{\text{Bestand in Einkaufspreisen}}$$

$$\text{Gesamtfehler (in \%)} = \frac{\text{Greiffehler + Zählfehler + Transportschäden}}{\text{produzierte Menge}}$$

$$\text{Logistikkosten (in \%)} = \frac{\text{Primärkosten Logistik}}{\text{Umsatz}}$$

$$\text{Lagerkosten (in \%)} = \frac{\text{ges. Lagerkosten}}{\text{Umsatz}}$$

Anhand der vorliegenden Kennzahlen kann ein Benchmarking durchgeführt werden und die Abbildung 26 zeigt ein mögliches Ergebnis der Durchführung, wobei frei gewählte Zahlen zugrunde liegen.

Kennzahlen/Unternehmen	„Muster AG"	1	2	3	4	5
Kosten Wareneingang	0,010%	0,050%	0,007%	0,008%	0,010%	0,015%
Umschlagshäufigkeit	4	7	6	3	4	5
Gesamtfehler	0,20%	0,13%	0,09%	0,18%	0,08%	0,20%
Logistikkosten	10,0%	9,7%	11,0%	8,7%	9,5%	11,5%
Lagerkosten	2,2%	1,9%	2,5%	2,3%	2,0%	1,8%

Abb. 27 Darstellung von Benchmarking-Ergebnissen

Anhand der vorliegenden Ergebnisse werden Unterschiede der „Muster AG" zu den beteiligten Unternehmen erkannt. Mit dieser Grundlage können Ursachen im Unternehmen gesucht und eventuell bereinigt werden. Es dient aber auch als Grundlage zur Entscheidung, ob einzelne Bereiche ausgegliedert werden sollen.

5. Fazit

Viele Unternehmen haben ihre Produktionen ins Ausland verlagert mit dem Ziel, dadurch einen Kostenvorteil zu erlangen. Der Vorteil sollte durch die niedrigeren Lohnkosten in Asien und Osteuropa zustande kommen. Dabei wurden aber verschiedene Aspekte nicht beachtet, wie z. B. Risiken bei der Anlaufinvestition oder die Sicherstellung des Qualitätsmanagements.[79] Ich gehe davon aus, dass sich diese Unternehmen höchst wahrscheinlich gründlich mit dem Thema „Outsourcing" auseinander gesetzt haben, aber viele Faktoren, die mit der Verlagerung von Unternehmensbereichen verbunden sind, nicht gekannt oder unterschätzt haben.

Mit Risiken sollte auch beim Logistik-Outsourcing gerechnet werden. Mangelnde Termintreue oder schlechte Qualitätskontrollen des Logistikdienstleisters können zu höheren Kosten des Unternehmens führen, welches diese Tätigkeiten ausgelagert hat. Da die Bedeutung der Logistik in einem Industrieunternehmen relativ hoch ist und ein wichtiger Faktor für den Unternehmenserfolg darstellt, ist ein Ziel die Effizienzsteigerung dieses Bereichs zu gewährleisten.[80] Die Zielerreichung kann auch durch Logistik-Outsourcing geschehen.

Die vorgestellten Controlling-Instrumente nutzen verschiedene Informationen, um einzelne Unternehmensbereiche darzustellen. Je nach Art des Instruments werden quantitative oder qualitative Daten aufbereitet und geben einen bestimmten Sachverhalt wieder.

Um eine Entscheidungsgrundlage bezüglich Outsourcing zu schaffen, bedarf es mehrerer Instrumente, da viele verschiedene Faktoren Einfluss auf die zu untersuchenden Unternehmensobjekte haben.

---

[79] Vgl. Horváth, P., Reichmann, T. :Outsourcing in Niedriglohnländer: Immer ein Kostenvorteil?, in: Controlling, Bd. 19. (2007), 2, S. 67

[80] Vgl. Baumgarten, H., Bott, A., Hagen, T.: Logistik und Kosten – Ergebnisse der Untersuchung Trends und Strategien in der Logistik 2000, Berlin, 1997, S. 2

Es liegt i. d. R. an der Sichtweise des Entscheidungsträgers, wie die Ergebnisse, die man durch die Anwendung der Instrumente erhält, interpretiert werden. Bei der Auswertung von quantitativen Daten muss eine präzise Definition der Informationen gegeben sein. Damit ist z. B. gemeint, dass der Bereich Logistik im Unternehmen erläutert und eingegrenzt wird. Bei qualitativen Informationen ist zu beachten von welcher Quelle sie kommen, da man einen Sachverhalt sowohl positiv als auch negativ übermitteln kann.

Die Anwendung von strategischen Controlling-Instrumenten, um eine Entscheidungsgrundlage für das Outsourcing zu bilden, halte ich für sinnvoll, allerdings sollten diese als Hilfsmittel und nicht als einzige Grundlage verstanden werden.

Die Auswahl der Instrumente, die in Kapitel 3 und 4 vorgestellt wurden, befasst sich sowohl mit quantitativen als auch mit qualitativen Informationen. Somit ist ein guter Mix als Hilfestellung gegeben. Über die Art des Outsourcing müsste im Nachhinein diskutiert werden, da zu diesem Thema viele unterschiedliche Möglichkeiten bestehen.

II Abbildungsverzeichnis

III Literaturverzeichnis

Baumgarten, H., Bott, A., Hagen, T.:
Logistik und Kosten – Ergebnisse der Untersuchung Trends und Strategien in der Logistik 2000, Berlin, 1997

Beru AG:
http://www.beru.com/download/investor/berichte/BZLJ06D-06.pdf (03.12.2007)

Beru AG:
http://www.beru.com/download/investor/berichte/BZLJ06/02-gewinnverlust.xls (03.12.07)

Bundesvereinigung Logistik:
http://www.bvl.de/68_1 (23.11.07)

Capgemini Schweiz AG:
http://www.ch.capgemini.com/de/presse/pressemitteilungen/archiv_2006/3pl_study_2006/ (23.11.07)

Czenskowsky, T., Schünemann, G., Zdrowomyslaw, N.:
Grundzüge des Controlling, Gernsbach, 2002

Ganske, Torsten:
Mitbestimmung, Proberty-Rights-Ansatz und Transaktionskostentheorie, Frankfurt a. M., 1996

Gericke, Jens:
Unterstürzung von Logistik-Outsourcing-Entscheidungen in mittelständisch strukturierten Unternehmen, Taunusstein, 2005

Gollwitzer, M., Karl, R.:
Logistik-Controlling, München, 1998

Gudehus, Timm:
Logistik, 2. Auflage, Hamburg, 2003

Hahn, Dietger, Hungenberg, Harald:
PuK Controllingkonzepte, 6. Auflage, Wiesbaden, 2001

Hess, W., Tschirky, H., Lang, P.:
Make or buy – Eine neue Dimension der strategischen Führung, Zürich, 1989

Horváth, Péter:
Controlling, 9. Auflage, München, 2003

KfW Mittelstandsbank:
http://www.kfw-mittelstandsbank.de/DE_Home/Service/Kreditantrag_und_Formulare/142291_M_KMU_Definition_2005_01.pdf (4.12.07)

Koch, Walter A. S., Czogalla, Christian:
Grundlagen der Wirtschaftspolitik, Stuttgart, 2004

Krupp, Thomas:
Benchmarking als Controlling-Instrument für die Kontraktlogistik, Lohmar – Köln, 2006

Legenhausen, Claas:
Controllinginstrumente für den Mittelstand, Wiesbaden, 1998

Michaelis, Elke:
Planungs- und Kontrollprobleme in Unternehmungen und proberty-rights- bzw. Transaktionskostentheorie, Diskusionspapier Nr. 106, Hannover, 1987

Michaelis, Elke:
Organisation unternehmerischer Aufgaben – Transaktionskosten als Beurteilungskriterium; Band 4; Frankfurt a. M., 1985

Reichmann, T., Horváth, P.:
Outsourcing in Niedriglohnländer: Immer ein Kostenvorteil?, in: Controlling, Bd. 19. 2007, 2, S. 67

Ropers, Jens:
Prozesskostenrechnung – Leitfaden zur erfolgreichen Anwendung, Offenburg, 2006

Schneider, Dietram:
Unternehmensführung und strategisches Controlling, 2. Auflage, München, 2000

Smith, Adam:
Der Wohlstand der Nationen, 4. Auflage, München, 1988

Spiegelgruppe:
http://www.spiegelgruppe.de/spiegelgruppe/home.nsf/PMWeb/1A4714CB24A926F6C1256F950040D2FD (23.11.2007)

Statistisches Bundesamt Deutschland:
https://www-ec.destatis.de/csp/shop/sfg/bpm.html.cms.cBroker.cls?cmspath=struktur,vollanzeige.csp&ID=1020565 (05.12.07)

Statistisches Bundesamt Deutschland:
https://www-ec.destatis.de/csp/shop/sfg/bpm.html.cms.cBroker.cls?cmspath=struktur,vollanzeige.csp&ID=1020855 (05.12.07)

Suessmeyer Online Network - Strategische Logistik:
http://www.strategische-logistik.de/Prozesse/HTML/StratLog1.html (23.11.07)

Verband der Automobilindustrie:
http://www.vda.de/de/aktuell/statistik/jahreszahlen/allgemeines/index.html (05.12.07)

Verband der Automobilindustrie:
http://www.vda.de/de/service/jahresbericht/files/VDA_2007.pdf (05.12.07)

Vollmuth, Hilmar J.:
Controlling-Instrumente von A – Z, 6. Auflage, Planegg/München, 2003

Weber, J., Deepen, J.:
Erfolg durch Logistik – Erkenntnisse aktueller Forschungen, Vallendar, 2003

Weber, J., Hirsch, B., Spatz, A.:
Perspektiven des Controllings – Erfolgreich bleiben trotz Veränderungen, Weinheim, 2007

5345742R00046

Printed in Germany
by Amazon Distribution
GmbH, Leipzig